ＧＨＱ特命捜査ファイル　軍事機密費

軍事機密費

GHQ特命捜査ファイル

渡辺延志
Watanabe Nobuyuki

岩波書店

皇道派とか統制派とか、やかましいことをいっても、本当は陸軍の尨大な機密費の取り合いさ。その頃陸軍の機密費は百万円。海軍は二十万円くらいだったかナ。その機密費をどちらが握るかという派閥の争いだよ。むずかしいことを言っても、本当はそうなんだ。

——岡田啓介（二・二六事件当時の総理大臣）＝『改造』一九五一年（昭和二六年）二月号、対談「二・二六事件の謎を解く」から

はじめに――〈シークレット・マンチュリアン・ファンド〉

市ヶ谷台は東京都心部きっての高台である。武蔵野台地から突き出た丘陵が削られた谷の名残であり標高は三一メートル余。眺望の名所として知られた愛宕山を五メートルほど上回る。

三島由紀夫の終焉の地として知られ、今日は防衛省や自衛隊の施設が並ぶこの小高い丘に重要な軍事機能が配置されたのは、四代将軍家綱が尾張徳川家に上屋敷を築かせたことに始まる。江戸の守りの西の拠点としての役割を担い、江戸城に一番近い南東の角には鎌倉の鶴岡八幡宮から勧請した亀岡八幡宮が祀られた。明治になると陸軍士官学校が置かれ帝国日本を支える軍人を育成し、敗戦を迎えた一九四五年（昭和二〇年）の夏には、陸軍省や参謀本部など帝国陸軍の中枢機能が集まっていた。

INTERNATIONAL MILITARY TRIBUNAL FAR EAST（極東国際軍事裁判所）の門標が掲げられたのは一九四六年の春であった。陸軍士官学校本部として建設され、陸軍省一号館として使われてきた石造り三階建ての建物は白く塗り替えられ、陸軍士官学校では講堂と、陸軍省では大会議室と呼ばれた二階から三階まで吹き抜けの空間に、A級戦争犯罪人を裁くための法廷が設けられた。

その旧陸軍省ビル三階の自室で、ウィリアム・エドワーズは今しがた届いた一枚の文書を手に、朝からの出来事を振り返っていた。

上司のフランク・タベナーから呼び出しがあったのは、白金台の宿舎から出勤してほどなくのことだった。

「東京にいくらか慣れたかね」

そう語りかけるとタベナーは口早に用件を切り出した。

「来てもらったのはほかでもない。君に調べてほしいことがある。先日与えた任務とは別件だ。〈シークレット・ファンド〉という資金が日本政府にはあるのだが、その仕組みを調べてくれ。日本の軍閥は、この〈シークレット・ファンド〉を悪用し政治を思うままに動かしていたと睨んでいる。その実態を明らかにしてくれ」

いくつかの資料を示しながらタベナーは捜査の狙いを説明したが、耳慣れない用語と人名が連続する。懸命に理解、咀嚼しようとするのだが、摑みきれない困惑がエドワーズの顔に表れたのを見て取ると、「心配はいらない。任務の骨子はまとめて文書にしよう。それを後で君のオフィスに届けるから」とタベナーは言った。

そのうえで「重要な案件だ。迅速に捜査を進め、早急に報告をまとめてほしい」と念を押した。

エドワーズは国際検察局（IPS＝International Prosecution Section）の検察官である。極東国際軍事裁判（東京裁判）に戦争犯罪人を訴追し公判を進めるために連合国軍総司令部（GHQ）が設けたIPSは国際検事団とも呼ばれ、裁判官と同様に一一カ国の法律家で構成されていた。当初は皇居前、丸の内の明治生命ビルに置かれたが、裁判が始まるのに合わせ、法廷が設けられた市ヶ谷台の旧陸軍省ビルに移っていた。

タベナーは首席検察官ジョセフ・キーナンに次ぐ存在で、アメリカ人検察官のまとめ役であった。エドワーズが手にした文書はそのタベナーから約束通りに届いたもので、「本日午前の私たちの会談を通して、以下の任務をあなたが受諾したと理解することを確認する」と始まっていた。

続けて任務の内容が記されていた。

「〈シークレット・マンチュリアン・ファンド Secret Manchurian Fund〉からの多くの被告への多額の支出の性格を捜査し報告すること。本日手渡した資料に示されている支出が対象で、それは軍閥の維持を図るための支出であったことを示すことになるはずだ」

捜査の手がかりが三点示されていた。

a　田中将軍を尋問し、彼が知っている情報と、証人になりそうな人物の名前を聞き出すこと。

b　捜査部はすでに日本政府と接触しているので、そこから情報を得ることが可能である。

c　幣原（喜重郎）男爵は問題となっている時期に彼がつとめた役職と、陸軍の組織がどのように動いていたかについての広範な知識からして、短時間でも話を聞けば問題の全体像を掴むことができる。幣原男爵は友好的であり、発言は信頼できるものである。

ここからたどるのは、日本の権力中枢における〈シークレット・ファンド＝機密費〉、とりわけ軍事機密費の仕組みと使途の実態解明に挑んだアメリカ人検察官による特命捜査の顛末である。

手がかりは米国に残った東京裁判の記録類である。厖大なＩＰＳ関連の英文文書には、エドワーズが作成したかなりの量の尋問調書や報告類が含まれていた。タベナーが個人的に持ち帰った資料は母校の大学の図書館に保管されていた。それらを丹念に読み解くと、未完に終わった特命捜査の狙いや内実が克明に浮かび上がってきた。

日本に近代的な政治行政組織が誕生してから今日に至るまで、おそらく連綿と存続してきたものと考えられる機密費は、使途を明らかにしないことを最大の特性としている。厚いベールに覆われたその灰色の公金をめぐり、東京裁判においては、政府や軍、議会の要路にあった高官たちが次々と召喚、尋問を受け、問い詰められていた。日本の歴史を振り返ってみても、おそらく他に類例を見ない試み、企てでありながら、およそ語られたことのなかった出来事のように思われる。

窓のガラス越しに伝わる冷気が強まってきたのを感じエドワーズが目をやると、西の空に陽が落ちようとしていた。市ヶ谷台界隈も焼け跡が広がり、垂れ込めてきた宵闇に灰色の街が音もなく溶け込んでいった。先の見えない暗がり、その中で多くの日本人が身を屈め寒さとひもじさに耐えていた。年明けから松の内の七日間に、上野の地下道で一一人の凍死者を数えた敗戦から二度目のいつになく厳しい冬に、終わりの兆しはまだ見えなかった。

一九四七年(昭和二二年)一月一三日のことであった。

目　次

目　次

1 捜査の始動

エドワーズはさっそく動き出した。

タベナーから捜査を命じられた一九四七年二月一三日は木曜日であったが、週が明けた月曜日の一七日、日本人としては大柄な男がエドワーズのオフィスに姿を現した。

情報提供者・田中将軍

街にあふれる痩せこけた日本人とは違い、顎の下や腹回りに脂を蓄えた男は田中隆吉(りゅうきち)と名乗った。タベナーの指示にあった田中将軍である。

エドワーズはまずその経歴を確認している。

島根県出身の田中はこの時五三歳。幼年学校から士官学校、陸軍大学校と陸軍将校のエリートコースを歩み、大尉の時に参謀本部で支那班に勤務したのを契機に中国と深く関わり、上海公使館付武官補佐官、関東軍参謀などを経験した。日中戦争が泥沼化し、欧州で第二次世界大戦が勃発した一九三九年に陸軍省兵務課長となり、その翌年には兵務局長に昇進した。田中を局長に起用した陸軍大臣は東条英機(とうじょうひでき)だったが、東条が一九四一年に首相になったころから二人は折り合いが悪くなった。ライバルと強く意識した軍務局長武藤章との関係も険悪になり、一九四二年九月に田中は兵務局長を更迭され、少将の階級で陸軍でのキャリアを終えていた。

田中の名が広く世に知られるのはその後のことである。敗戦から間もない一九四六年一月に、『敗因を衝く――軍閥専横の実相』を出版した。ミッドウェー海戦やガダルカナル島などの惨状を暴露し、戦争を指導した政府や軍の高官たちの無計画、無責任ぶりを指弾する手記であった。重臣の無能、政治家の堕落、軍首脳の派閥争い、三国同盟や日中戦争の実情、陸海軍の確執、官僚の軍属化、悪質実業家の横行、観念右翼の跋扈、科学の欠乏……と敗因を列挙し、〈身から出た錆〉だと指摘した。国民を戦争に駆り立て、三〇〇万を超す日本人を死に追いやった帝国日本の指導者たちのでたらめな言動、無節操な行状に国民は驚いた。

ＩＰＳ（国際検察局）が発足したのは一九四五年一二月である。戦争犯罪人を絞り込み犯罪行為を明らかにする活動を始めたばかりだったＩＰＳは、この著作に目をとめ、田中を取り込んだ。一九四六年四月に日米開戦時の首相東条英機ら二八人をＡ級戦犯として起訴し、五月に裁判が始まると、田中は検察側の証人として何度も法廷に登場し、かつての上司や同僚たちを告発、叱責し、「日本のユダ」「モンスター」などと呼ばれるようになっていた。兵務局は二・二六事件を契機に設けられた部署であり、軍の規律や風紀を扱い憲兵隊を所管した。市ヶ谷台の陸軍省ビルでは教育総監部や人事局と並んで三階に置かれていた。かつて局長として睨みをきかせたその三階のフロアを占めるのがＩＰＳであり、田中はそこで最大の情報提供者となっていた。

具体的な尋問の内容に入ろう。

機密費は通常の陸軍予算とはどう違うのかをエドワーズは尋ねている。田中はこんな風に説明した。

「通常の予算は具体的な配分まで国会で決められ、その後の資金の流れも、すべて厳格な管理のもとに置かれ、会計監査も行われる。そのため使途は決められた通りに厳しく制限される」

それに対し機密費はまったく性格が違う。

「いかなる管理にも従う必要がない。いったん配分されれば、その後の説明責任はいっさいいらない。機密費は国会の審議を経る必要もない。元来は軍事情報を得るためや一般的な交際費などとして、陸軍高官が使用することを想定したものだが、運用をめぐる曖昧さ、会計処理や監査といった統制の欠如のために、機密費はほしいままに悪用され、まったく無分別に使われていたのが実態だ」

こうも語った。

「軍の高官たちはこうした資金でアヘンを買ったり、芸者遊びをしたり、自分のポケットに入れることもあった。情事の相手への贅沢な贈り物に使ったとして罪に問われた将校もいた。被告人東条は、妻のために相当な金額を使ったとして厳しい非難を浴びたことがあった」

田中は幾冊かの著作を残し、自身の女性遍歴やアヘンに手を染めた経験なども記している。そうした奔放な行動の元手も機密費だったのだろうと思わせるが、IPSの捜査の狙いは機密費の個人的流用や横領の摘発ではない。

検察官の狙いを田中はきちんとわきまえている。

「〈シークレット・マンチュリアン・ファンド〉からの支出の中で、最も多くの部分を占めていたのは日本本土におけるプロパガンダと国内政治事情のための資金だった」

「この自由にできる資金源がなかったならば、現在の裁判で問われている訴因となった軍閥が支配権を得ることも、軍閥がその目的を達成することも決してなかった」

エドワーズは目を丸くした。「タベナーの睨んだ通りだ」

さらに詳細へと、田中の説明は踏み込んだ。その金はどのようにして捻出されたのか。そのからくりと手続きである。

「最初にカギとなる役職の将校への支出は通常、陸軍省東京経理部が電報によって行う。支払い先の将校に資金が渡ると、その後は完全に秘密に封じ込められ何の説明責任もないために正確なことはわからないが、いくらかは交際費や情報収集など適法な目的のために使われたとしても、それをはるかに上回る多くの部分は、陸軍の高官と共謀して陰謀の目的を達成するために、日本へと送り返されていた」

具体的な送金方法へと田中の説明は進む。

「機密費はまず朝鮮銀行新京支店の匿名口座に入れる。それを朝鮮銀行の東京支店に送り、同じ匿名の口座に入金する」

朝鮮銀行は植民地朝鮮での紙幣を発行する中央銀行であったが、商業銀行としての機能も併せ持っていた。満州、シベリア、中国北部と日本陸軍の勢力拡大に合わせ支店網を広げ、関東軍の公金を扱う役割を担っていた。

「機密費を東京に送ったとの報告を受けると、軍務局が翼賛政党の代表に連絡し、その政党が銀行に人を派遣し、口座から引き出していた」

ここで田中は具体的な人名を挙げた。

「阿部信行(あべのぶゆき)が翼賛政党の指導者できわめて熱心だった」

陸軍大将の阿部は一九三九年から翌年にかけて首相を四カ月半つとめた。ここで語られた〈翼賛政党〉とは、正式には〈翼賛政治体制協議会〉か〈翼賛政治会〉である。戦前の治安警察法は、官吏、教員、学生、宗教家、女性らの〈政事結社〉への参加を禁じていたため、広く国民の結集を目指した大政翼賛会は〈公事結社〉との位置づけだった。「公事結社とはどういうものか」との質問が国会であり、「衛生組合のようなものだ」といった説明がなされている。そのために政治活動を担う〈政事結社〉が必要となり、〈翼賛政治体制協議会〉が設けられ、翼賛選挙と通称される一九四二年春の衆議院総選挙の候補者を選定し、選挙運動の母体となった。選挙が終わると、当選した議員によって〈翼賛政治会〉が結成され、国内で唯一の政党となった。阿部は両組織で代表をつとめ、その後は朝鮮総督となり敗戦をソウルで迎えた。戦争犯罪人としては、最も早い段階で逮捕命令が出されながら、被告リストからは最終段階で外された。「なぜ訴追されなかったのか」といぶかる声の強い軍人政治家だが、ＩＰＳの資料には「証人として使った方が有効だろう」といった見解が記されている。

その阿部のもとで何が行われたのか。田中はこう語った。

「陸軍省軍務局の承認と協力の下、翼賛政党を通して、こうした資金は広範に、そして本来の目的を逸脱して政治的に使われた。この機密費の流出システムを通して、軍閥はその政治的目的を遂げることが可能になった。賄賂であったり、プロパガンダを広めたりするために使うことで、彼らの目的のために世論をコントロールし、右翼や国家主義者、極右といった様々な政治党派のメンバーを財政的に支えた。そうした政治党派はナチス、ファシストと手を結んだ三国同盟から派生したグループである」

「翼賛選挙で国会議員を目指す候補者のうち、軍閥に忠誠を誓う候補には一人当たり五〇〇〇円が配られた。約七〇〇人の候補者に手渡され、総額は三五〇万円に上った。〈シークレット・マンチュリアン・ファンド〉からの資金が、選挙を有利にするために投入された」

戦争遂行の体制づくりのために行われた国政選挙で、機密費から流用した資金が大がかりにばらまかれたとの暴露である。

この総選挙には一〇七七人が立候補したが、翼賛政治体制協議会が推薦したのは衆議院の定数と同じ四六六人だった。田中の話が本当ならば、推薦候補以外にも機密費が選挙資金として配られていたことになる。

田中はこの選挙当時、憲兵隊を所管する兵務局長であった。憲兵隊はもともと軍隊内の警察だったが、軍内部の思想や秩序を守るには、軍に影響を与える軍の外の統制が必要だという論理で、昭和に入ったころから対象とする範囲を大幅に拡大し、思想警察の色彩を強めた。その責任者だった田中が総選挙の裏情報に詳しくても不思議はないが、推薦候補以外にも一律で機密費が配分されていたとの発言の信憑性が高いとはにわかには思えない。

機密費が流れていたのは政治家だけではないとも田中は指摘した。

「軍務局と翼賛政党を仲介して広範に配分された資金は、陸軍省の軍務課と新聞班を通じ、新聞社の代表や記者にも幅広くばらまかれた。直接の賄賂のうち大物は軍務局が、それほどでない対象は軍務課か新聞班が扱った。都合のいい報道をさせるためにとても大きな金額が使われたことは明白だ」

検察官にとっては生つばを飲み込むような〈内部情報〉の連続である。

機密費支出の命令書

夕べナーから渡された資料の読み解きも、エドワーズは田中に求めた。

資料は五点あった。その一点を示すと以下のようなものである。

臨時陸軍東京経理部長宛達案陸満密
満州事件費機密費左記の通り支出の上交付すべし
関東軍参謀長　東条英機宛　七〇万円
陸軍次官　梅津美治郎(うめづよしじろう)宛　七万七八〇〇円
陸満密第一三四号　昭和一三年四月六日

陸軍次官が東京経理部長に宛てて出した機密費支出の命令書であった。「陸満」とは陸軍が満州での活動についての命令や記録につけた分類記号のようなもので、「密」はその扱いである。「機密」より秘密度は低いが、一番下の「普」ではないことを示している。

エドワーズが解明を命じられた〈シークレット・マンチュリアン・ファンド〉とは、この文書にある

〈満州事件費機密費〉の英訳である。満州事件は満州事変を指す行政用語であり、つまり満州事変のための予算内に設定された機密費のことである。「五点とも〈シークレット・マンチュリアン・ファンド〉から数人の被告への支出の記録であるのは明白だ」と田中は説明している。

そのうえで陸軍の会計制度へと説明は進んだ。具体例として用いたのは五点の中でも一番金額の大きい次の文書である。

経理局主計課長宛達案陸満密
満州事件費機密費左記の通支出の上交付すべし
左記　昭和八年一二月二七日
関東軍参謀長　小磯国昭宛　一九七万円

「日本の会計年度は四月一日に始まり、三月三一日で終わるので、小磯へのこの支出は、この会計年度の最後の四半期である一月、二月、三月の三カ月分である。一九七万円は最後の四半期だけの分なので、年間にすると七八八万円になるが、関東軍の機密費は一〇〇〇万円を保つことが慣例になっていた」と田中は解説している。

小磯も陸軍大将でA級戦犯の被告人である。一九四四年に戦局が悪化し東条内閣が倒れると後任の首相として内閣を率いたが、裁判で主に問われたのはそれ以前の経歴である。満州事変勃発時の陸軍次官であり、さらに関東軍参謀長、朝鮮軍司令官など要職を歴任し、陸軍を離れてからは拓務大臣、朝鮮総督として植民地政策の枢機を担っていた。

　関わりのありそうなエピソードも田中は提供している。

「一九三五年に小磯から聞いたことだ。小磯が関東軍参謀長だった一九三三年に、陸軍大臣だった荒木貞夫に要求され、小磯は一〇〇万円を東京に送らざるをえなかったとこぼしていた。その資金が〈シークレット・マンチュリアン・ファンド〉からのものであることを小磯は認めた」

　東条、梅津、小磯、荒木と、田中の説明に登場した人物はいずれも戦争犯罪に問われ、田中が講釈している下の階の法廷に通い続けている被告人である。IPSの検察官が欲しいのは、そうしたA級戦犯被告人の犯罪を立証するための証拠と証言であることを田中はよくわきまえている。

　田中の尋問は翌一八日まで二日におよんだ。その内容をエドワーズは「〈シークレット・マンチュリアン・ファンド〉についての準備的段階の報告」としてまとめ、二月二七日にタベナーに提出した。

　報告はまず田中の存在をこう評価している。

「前線の部隊と陸軍省内の双方で高位の役職を歴任したことで、田中将軍は〈シークレット・マンチュリアン・ファンド〉の極めて疑わしい使用法について熟知する豊富な経験を持っている」

　さらに田中の供述内容を伝えている。機密費を軍閥は流用し悪用していた。それも政治的目的を遂げるためにほしいままに。戦争を進めるため選挙では候補者に配って買収し、世論をコントロールするために報道関係者には日常的にばらまいていた。

　資料の読み解きもできた。田中の証言を立証、補強するために尋問するべき人物として、鍵を握る軍や政府の高官、政治家の名前も知ることができた。

「証拠として法廷で使えそうで、弁護側の主張への反論としても役に立つだろう」との見通しもエドワーズは示している。

一六ページにのぼる報告からはエドワーズの高揚感が伝わってくる。

「これはものになる」「捜査の見通しは立った」——。

捜査部のファイル

田中の尋問と前後し、過去の捜査資料をエドワーズは確認している。IPSには文書部、言語部など機能別に部署があり、そのうちの捜査部が〈機密費とは何か〉との説明を求めていた。ファイルに保存されていた回答は日本政府の窓口だった終戦連絡中央事務局からの一九四六年六月一五日付のもので、こう説明していた。

「機密費の使用には、何らの法も決まりも存在しない。法的な検査を受けることも説明責任もない。何の規制も決まりも守る必要がないことは、この資金の特異な性格を形成している。国務大臣の関心のある用途のために確保された特別な資金で、大臣が国務に関して国事を成功させるために、最も適切、政略的に使用するものである。

機密費の保管と支出をめぐっては、規則に似た慣用的な手続きがあるようだが、機密費の使用に関してのそうした規則は見あたらない。実際問題として、そうした支出は、すべて国務大臣(あるいは国務大臣によって委嘱された当局者)の意向によって、特別な方針や政治的な目的のために決定されるので、外部の者がその実態をつかむことは事実上、不可能である」

回答には外務、内務、陸軍、海軍の四つの省の慣例を説明する文書が添付されていた。陸軍省は第一復員省、海軍省は第二復員省と名前を変え残務を引き継いでいた。

陸軍省についての説明は以下のようなものである。

「すべての予算は東京経理部に一括して渡される。陸軍次官には一定の金額を使う権利が与えられており、予算の範囲内で、次官自身か、あるいは配分を要求する軍の部隊や組織に向けて、支出の指示書を発行する。

機密費の割り当てを受けた部隊や組織の長は、機密費を扱う特別の将校を任命する。陸軍省では軍務局員が、部隊では一般的に副官が担当する。

機密費を使う権利を行使する者は、その資金を扱う将校、あるいは権利を行使する者から認可を得て機密費を支出するようにと管理を担当する将校に命令する。機密費からの支出を認可する申請が必要なのかどうかは、通常は金額の大小による」

機密費支出の事務手続きが記されているにすぎなかった。

海軍省についての回答も似たようなものであった。

「決まりは何もない」という機密費の基本的性格を知ることはできたが、それは「闇は暗い」という程度の情報にすぎなかった。

2 連日の尋問

田中隆吉の証言をもとに、エドワーズはその後の対応をタベナーと話し合った。その結果、当面この捜査に専念することになった。

「できるだけ早く仕上げてくれ」とタベナーは釘を刺した。捜査の軸は尋問である。田中の助言をもとにエドワーズは尋問すべき人物をリストアップし、次々と呼び出した。

高級副官・菅井斌麿

最初の尋問は三月二〇日、出頭を求めたのは陸軍少将の菅井斌麿（すがいとしまろ）であった。

「陸軍省で記録を探しても、燃やされているかもしれない。その時には、機密費の記録の管理を担当していた高級副官を呼べばいい。高級副官は大佐のポストで、終戦時には菅井斌麿がその職にあった」と田中は薦めていた。

高級副官は陸軍大臣の補佐官に当たる役職で、菅井が一九四三年二月からその職にあったのは確かだが、一九四五年二月に朝鮮にあった第一七方面軍の参謀副長に転じており、田中の説明は細部では正確でない。

尋問にはエドワーズとジェームズ・ランバートの二人で当たっている。ランバートはこの後もたびたび顔を出すエドワーズの捜査パートナーである。検察官名簿には名前がないので法曹資格はなかったようで、階級もないので軍人でもなかったようだ。残された尋問調書の行間からは社会経験の乏しい若者であることが伝わってくる。

エドワーズは「高級副官の職務とは」と問いかけている。

「文書や庁舎の管理、靖国神社の祭礼といった業務だった」と菅井は答えている。

次第に尋問は核心へと迫ろうとする。

「機密費の記録には接触しましたか」

「はい」

「機密費は誰が取り扱っていましたか」

「軍務局が管理していました」

「機密費はどのようにしたら使えるのですか」

「陸軍次官の許可を得て、手渡されます」

「機密費は誰から受け取るのですか」

「三カ月に一度、軍務課から」

ここまでは田中の説明の通りだ。

「機密費の使途は」

「宴会、傷痍軍人への寄付、他の費目ではまかなえない支出」

「それらの会計報告は」

「ありません」

「そうした支出は大きいものでしたか」

「いいえ、小さなものでした」

「それらの口座の記録は誰が管理していたのですか」

「軍務局軍務課が扱っていた」

ここでエドワーズは田中の証言を持ち出した。

「信頼すべき情報によると、あなたの部署が機密費の記録を持っていたということですが」

「いいえ、違います」

〈信頼すべき情報〉によって菅井を真っ先に呼び出したのだが、あまりにも簡潔、明瞭に否定されてしまった。ところが検察官は、この件でそれ以上の質問を投げかけることはなく、尋問は方向を変えた。

「〈シークレット・マンチュリアン・ファンド〉については詳しいですか」

「いいえ」

「これらの日本語を読んで下さい」

「満州事件費機密費」

「この文字を、目にしたことはありますか」

「いいえ」

「機密費を年間どのぐらい扱いましたか」

「約五〇〇万円でした」

この数字は通訳か速記者の間違いだろう。あるいは菅井が質問の趣旨を取り違えたのかもしれない。菅井がそのポストにあった時期の五〇〇万円は小さな金額ではない。大佐が扱うとは到底考えられない規模である。

「そうした資金の扱いについて、何らかの捜査が行われたことは」

「ありました。兵務局によってです。しかし、詳細は知りません」

尋問は二時間半に及んだが、脈絡のない質問の連続で具体的事実に踏み込むこともなく終了している。エドワーズにとっては思い描いていた展開とは相当に違っていたのだろう。田中の証言の中核部分はあまりにも簡単に否定されてしまった。想定していなかった事態に戸惑ったようにも見える。

新聞班長・松村秀逸

エドワーズが初の尋問を終えた三月二〇日の夜は新月であった。日付が二一日に変わり二時間ほどたったころ、明かりのない闇の中、世田谷の南部、多摩川に近い一軒の住宅で玄関の戸が叩かれた。怪訝な顔で家の主が玄関に姿を見せると、「国際検事団からの連絡」だとして地元、玉川警察の警官が用件を伝えた。

「本日午前一〇時、市ヶ谷台に出頭せられたし」

突然の召喚命令に眠りを破られたのは陸軍少将松村秀逸(しゅういつ)であった。未明に叩かれた玄関の音には、どんな事情があっても捨て置いて駆けつけろという有無を言わさぬ命令の響きがあっただろう。

朝を迎え、松村は市ヶ谷台の坂を上った。ＩＰＳではエドワーズとランバートの二人が待ち構えていた。

ところが、尋問は本題に入ることのないまま昼休みを迎えている。「宣誓供述書を作成中だ」と冒頭に松村が告げたからだ。東条政権下で陸軍省軍務局長をつとめた佐藤賢了（けんりょう）の弁護人から依頼を受けたものだった。宣誓供述書は法廷での証言と同じ意味を持っている。弁護側が証人として予定している人物を検察側が尋問することは裁判のルールで認められなかった。松村を尋問することの可否を上層部に仰ぐことが必要になった。

その結果、宣誓供述書で言及している案件には触れないという条件で認められ、ようやく尋問が始まったのは午後一時四五分だった。

「松村将軍、あなたは陸軍省、関東軍、そして内閣情報局で、報道担当の様々な役職を歴任されました。内閣情報局に勤務していた一九四〇年一二月から一九四三年三月までの時期に、あなたが扱った機密費の額はいくらだったのかを教えて下さい」

検察官の意図を知った松村はいくらかほっとしたはずだ。何しろ返答は、意気込む検察官が期待していたものとは相当に違うものだった。

「一九四〇年の終わりごろ、私はパラチフスで入院しました。一九四一年三月ごろ今度は結核になりました。一九四二年の初めまでずっと病気で、その間、私は機密費を受け取っていません。一九四二年四月から一九四三年三月までは毎月二〇〇〇円を機密費から受け取り、この金は三つの部署に分けました」

「三つの部署とは何ですか。松村将軍」

「新聞、放送、出版の三つです」

「それはプロパガンダが目的ですか」

検察官はここでまた肩すかしに遭う。

「いいえ、交際費でした。宴会や会合でした」

「どのような会合ですか」

「新聞社や放送局との会合の後に接待や食事をしたので、そうしたことに使いました」

「どのような目的で、新聞やラジオの代表は接待に応じたのですか」

「新聞社やラジオ局の代表との会議があり、それが終わると、食事を提供しました。会議が遅い時間に開かれ、食事の時間にかかるという事情もありました」

「どのような目的の会合でしたか」

「新聞社や放送局の要請を受けて開かれるもので、様々でした」

「新聞社や放送局の代表からは、どのような要請があったのですか」

「主にニュースの交換でした。紙がほしいとの要望もありました。紙事情がとても逼迫していましたから。そのほかもありますが、それは宣誓供述書に関わりますので……」

尋問はたちまち壁に突き当たった。

「それでは先ほどの証言に戻りましょう。新聞社や放送局の代表との会合は、陸軍省の公式の情報発表と紙を確保することが目的だったとあなたは説明していると考えていいのですか」

「紙は第一の目的ではありません。それは商工省に属することですから」

この説明は正確でない。総動員態勢に合わせて紙の統制は強化された。新聞・出版社への用紙は割当制が実施され、政府の意向に従わない会社には配給を減らすといった手法で、世論を統制、検閲しやすい体制が作り出された。一九三八年末に全国に一一〇三紙あった日刊新聞は、一九四二年一一月にはわずか五四紙になっている。今日に続く新聞の一県一紙という体制はこの時に生まれたのだが、印刷媒体にとって死活的に重要な紙の配給権限を握ったのは内閣に直属する情報局であった。本体は接収した帝国劇場に置かれたが、首相官邸に専用のスペースを持っており、五・一五事件で犬養毅が撃たれた部屋が事務室で、二・二六事件の時に岡田啓介が寝ていた和室が改装され総裁室に充てられていた。その組織で松村は課長や部長を歴任していた。

「それでは将軍、新聞やラジオの代表との宴会や接待、会合は、それらメディアが情報を広めることに協力してもらうためだったのですか」

「いいえ。そんな宴会や豪華な食事をするほどの資金はありません。儀礼的なお返しの夕食でした。私たちはそれ以前にご馳走になっていましたから」

この尋問も田中隆吉の助言によるものだった。

「松村将軍は満州事変以降で最も長い期間、陸軍省の新聞班長をつとめた。問題の資金を新聞班が新聞記者にばらまいていたのに関わっている。新聞記者に賄賂として渡した金が〈シークレット・マンチュリアン・ファンド〉からのものであったことを認めるはずだ」

田中が示したそのシナリオを前提に、エドワーズの尋問は進む。

「それでは一九三九年一二月から一九四〇年一二月までの期間を話題にしましょう。あなたはその時期、陸軍省の情報部長で大本営の報道部長を兼務していました。その時期に、あなたはどのぐらいの機密費を扱っていましたか」

「月ごとに決まっていて、だいたい一五〇〇円でした。そこから私が自由に使えたのは一〇〇円だけで、ほかはすっかり使途が決まっていました」

「決まっていた使い道とは」

「自力では存続できない小さな雑誌とか新聞への支出でした。存在感も宣伝価値もない雑誌や新聞だったが、軍の上層部に働きかけて、とても高い値段で定期購読する約束を取り付けていた。私はいくつかの定期購読を切ったので、そうした新聞や雑誌から恨まれた」

予期したような証言がまったく得られない。エドワーズには焦りの色が浮かんできた。

「松村将軍、話し合う時間は限られています。私の質問にイエスかノーで答えてください。限られた時間で、できるだけ多くのことをカバーできるよう協力してください。

価値の乏しい定期刊行物を打ち切ったと言いました。価値の乏しいとはどのような意味ですか」

「宣伝価値がないのです。発行部数もとても少なかった」

「お金は宣伝価値という視点から支出された。イエスかノーか」

「それはイエスともノーとも割り切って答えられない。しかし、宣伝はいくつかの目的の一つとして含まれていた」

こうした問答が延々と続く。田中隆吉の説明とは相当なギャップがある。

「どのような宣伝を広めることに、あなたは関心があったのですか」

「宣伝の方針は、弁護側の証言に含まれています」

「それは本当ですか、将軍」

「はい」

迫ろうとすると、その先に壁が立ちふさがる。仕方がないのでまた話題を転じた。

「それでは松村将軍、一九三八年の三月から八月までの間、あなたは関東軍の新聞班長でしたね。その五カ月間にあなたが扱った機密費はいくらでしたか」

「私に機密費はありませんでした」

「その時、関東軍参謀長は誰でしたか」

「東条将軍でした」

捜査の最大のターゲットが登場した。検察官の尋問にも力が入る。

「東条将軍が自由にできる機密費がいくらあったのかを知っていますか」

「知りません」

「参謀長として彼が機密費を使えたかどうかを、あなたは知っていますか」

「知りません」

しびれを切らしたように、検察官は田中から得た情報を持ち出した。

「将軍、報道に関連して使うために、かなりの額の機密費が軍務局にあったというのは本当ですか」

「新聞班は記者クラブにニュース発表することだけに関わるもので、機密費は扱いませんでした」

「それは本当ですか、将軍」

「陸軍大臣や軍務局長は記者クラブを時に宴会に招いていましたが、私のいた新聞班は機密費とは無関係でした」

田中の指示通りにバットを構えているのだが、またしても大きな空振りだ。かすりもしない。検察官の発言には狼狽の色がにじむ。

「少し混乱していて……、どの線で質問したらいいのかを、私は決めることができません……。先ほど宣伝について質問をしましたが……、それはあなたの宣誓供述書に含まれるとの申し出でした。申し出に感謝します」

何を尋ねたらいいのか、エドワーズは困惑しながら思案するしかなかった。

「私たちの議論をもっとよいものにしたいと考えています。宣誓供述書との絡みもありますが……、例えば……松村将軍、賄賂という案件について触れることはできますか」

「それなら問題ありません」

「それではお尋ねします。イエスかノーで答えられると思います。あなたは職務として新聞やラジオの代表に賄賂を申し入れたことはありましたか」

「いいえ」

「あなたの職場の同僚が、新聞やラジオの代表に賄賂を申し入れたことはありましたか」

「情報部長になった当初、新聞やラジオの関係者に賄賂を申し入れたり、買収したりしてはいけないと厳しく命じました。ですから私の知る限り、賄賂はなかった」

ここでまた同じような問答が続くのだが、いっこうにかみ合わない。

仕方がないので、田中の話が持ち出された。

「新聞やラジオの代表に機密費が広く賄賂として使われていたことをあなたは知りませんか」

「知りません」

肝心な質問への回答は、ここでも簡潔で明瞭だった。

「そのような噂を聞きませんでしたか」

「そのような噂はありませんでした。放送局や新聞社は大きな組織で、私たちよりも金を持っていました。私たちのところに来る機密費は少額でした」

尋問を重ねても得るものがない。糠（ぬか）に釘といった状態である。

ついに検察官は、こんな問いをしている。

「機密費と呼ばれるのは、なぜですか」

「知りません」

「新聞班長として、いくらかのことは知っていた。そうではありませんか」

「毎月、一定の額を受け取った。しかし、いくらが通常予算からで、いくらが機密費からなのかは、知らなかった」

「私には理解できない。何千円かのお金を毎月手にするのですよ。それが通常予算なのか、機密費なのか分からない。そんなことがあるのですか」

「事実は、私の受け取る金は陸軍次官から来ていたということです。機密費からの金だろうと考える、それが理由です。陸軍次官は機密費を扱う立場ですから」

「松村将軍、月曜日の朝九時に、また来ていただくことはできますか」

「私は世田谷に住んでいますので、ここまで三度乗り換えなくてはいけません。それは混雑のひどい時間なので、その時間に電車に乗るには特別のパスが必要です。ですから、その時間は難しい」

「何時なら来ることができますか」

「一〇時か一〇時半なら」

「それでは一〇時に来て下さい」

こうして、この金曜日の尋問は午後四時に終了した。


少佐の時に関東軍の新聞班長となった松村秀逸は、中佐になった一九三八年に陸軍省新聞班に移り、その後は報道部長、情報局第一部長など報道対策の要職を歴任している。

メディアの代表との会合や会食に機密費を使ったと松村は語っていた。

『中央公論』の編集部長などをつとめた畑中繁雄が戦後出版した回想録によると、毎月一、二回、内閣情報部が雑誌や出版社の編集責任者に参集を命じた〈懇談会〉があり、その場では、差し止め事項の通達、編集内容への注文、さらにはその月の刊行物の中で好ましくないものの批評といったことが行われていた（畑中『覚書昭和出版弾圧小史』）。陸軍と海軍の報道部、外務省情報部による〈懇談会〉もあり、さらに国民精神総動員本部、大政翼賛会などからも〈懇談会〉の開催要求があり、「出版社側はどこもここも、それらとの応接にまったくいとまのない実情であった」。

〈懇談会〉の具体的な場面として畑中が紹介する中に松村が登場する。

「食事をともにしながら、中央公論編集部とじっくりご懇談いたしたい」との申し入れが陸軍報道部からあり、一九三九年五月、赤坂の料亭に招かれた時のことである。

中央公論からは嶋中雄作社長、小森田一記編集部長、次長の畑中らが出向くと、報道部側は部長の清水盛明大佐、松村秀逸中佐をはじめ少佐、大尉から軍属までが顔を揃えて待っていた。

まず、清水大佐が挨拶し、軍の方針にたいして『中央公論』がとかくそらぞらしい傍観者的態度であると指摘。さらに報道部から「この非常時期においてなおかつ、いわゆる自由主義の伝統のごときをいっこうにあらためようとしない真意は、いったいどこにあるのか、ひとつ最高責任者としての嶋中さんの意見を聞かせていただきたい」との発言があった。

嶋中社長は「複雑な知識階級を相手にする雑誌の特殊な立場や、そういう読者を真に納得させるためには、相当筋のとおった合理性をもって説得する必要があり、そうでなければ、ほんとうの意味での協力にはなりえない」と述べ、さらに「そこまで到達するにはなおいくぶんの時間を必要とするが、これをあなたたちのように性急に考えてはかえって失敗するおそれすらあるのではないか」と諭すように語った。

ここで松村が登場する。

「(嶋中社長が)持論とするところを、まっ正直に語りつづけようとしたところ、談なかばを聞いて、もはや度しがたいとみてとったのか、途中松村中佐がいきなり声を大にして、〈君たちは、なにかといえば俺たちの立場をファッショ、ファッショといいたいのだろうが……〉となりだした」

その年に刊行した著作の中で「戦争記事は出来るだけ通俗的に、誰にも解り易く書かなければならない」との考えを披瀝（ひれき）している松村である。話はかみ合うはずもなかった。

「これをきっかけとして席の空気はみだれだした。（中略）相手方はますます気負いたって、ついに収拾のつかないはめに……」（畑中前掲書）

エドワーズの尋問に紳士的に応じている松村とはかなり異なる姿である。この料亭の費用も機密費だったのだろう。松村が説明した〈遅い時間の会議〉や〈儀礼的な夕食〉にはこうしたものが数多く含まれていたであろうことや、その後も中央公論社が軍や思想警察から目の敵（かたき）にされ、一九四四年には廃業に追い込まれ、戦時中最大の思想弾圧とされる横浜事件では多くの犠牲者を出したこと、報道担当の要職に長らくあった松村がそうしたことにまったく無関係だったとは考えられないといったことを、エドワーズが多少なりとも知っていた様子はどこにも見当たらない。

週が明けた月曜日の三月二四日、松村は午前一〇時には到着していたが、尋問は始まらなかった。速記者が姿を見せなかったのだ。検察官にはイライラの種が続く。その間三〇分ほど、松村が通訳と前回の尋問の疑問点を話し合ううちに、新たなイライラの種が見つかった。質問の趣旨を取り違えていたことが判明したのだ。

松村は確認を求めた。「私は、陸軍省の人間が新聞側から金をもらったということかと理解しました。しかし、軍の側が報道関係者に金を与えたという質問だったのですね」

エドワーズは説明した。「私が尋ねたかったのは、陸軍の機密費を新聞やラジオの代表に与えていないかということです」

質問の趣旨がまったく逆に捉えられていた。

「私の記録を訂正したい。陸軍省や情報局から新聞や映画会社に補助金という形で渡っていた事例があります。

第一に、外務省から同盟通信には数百万円が補助金として出ています。一九四〇年に情報局が設立されると、それまで外務省が出していた補助金を情報局が出すことになりましたが、それは機密費から出ていたはずです。

一九四〇年には、朝日、毎日、読売といった新聞社と同盟通信の映画部門が合併して日本映画社が組織され、ニュース映画の仕事を引き継ぎました。この日本映画社発足の時、内閣、陸軍省、逓信省、文部省からの補助金が支給された。陸軍省は一五万円を補助しました」

「その一五万円は機密費ですか」

「機密費からだろうと思います」

「そう考える根拠は」

「そうした補助金はすべて機密費から出ていたはずです」

「その時、将軍、あなたは新聞班長でしたか」

「一九四〇年の当時、私は新聞班長でした。内閣情報部から電話があり、一五万円出してくれと陸軍次官に伝えるよう頼まれました。だから覚えているのです」

その時期の松村の正式な役職名は陸軍省情報部長である。陸軍省新聞班は大本営陸軍部報道部と一体になり情報部と改称していた。

「そのような目的に機密費を使うのはなぜなのですか」

「それが機密費から出ていたのは確かです。この金額を一般会計に載せるかどうかで議論があったからです。同盟通信は連合通信と電報通信が合併して作られました。それ以来、外務省が補助してきたのです」

「年にいくらの補助が投じられていたのですか」

「毎年数百万円が投じられていたはずだが、正確な金額は知りません」

同盟通信は国家を代表する単一の通信社がほしいとの政府の意向にそって一九三六年に誕生し、電波の利用などで特権的な地位が与えられ、政府見解の対外発信や宣伝を担った。敗戦後は、共同と時事の二つの通信社に分かれ今日に至っている。

政府から同盟通信への資金の流れは、一九五八年にまとめられた社史にあたる『通信社史』ではあいまいな記述に終わっていたが、一九九九年になり『同盟通信社関係資料』が刊行され詳細な実態が明らかになった。総理大臣名の通知書によれば、一九四〇年四月には三九六万円の助成が決定している。翌一九四一年四月にも三九六万円が支出されているが、戦局が拡大し取材経費が急増しているとして追加の申請があり、その分として五月に九九万円が支払われている。この年の同盟通信の総予算は九九〇万円で、半分の四九五万円が政府資金で、新聞などへのニュース配信収入は二五八万円にすぎなかった。確かに〈国営通信社〉である。

尋問に戻ろう。エドワーズの問いかけが続く。

「議論の結果、一般会計ではなく機密費から支出すると決まったのですね」

「はい。機密費から補助することを決めました。いつも機密費から持ってきていたので、そうした慣例を変えることが難しかったからだと思います」

「会計報告がいらないことも、機密費からの補助を持続した理由ではありませんか」

「いいえ、私が思うに一番大きな要素は慣例でした。過去の前例です」

「機密費から出し続けることに、あなたは賛成でしたか。イエスかノーか」

「一般予算でも、機密費でも、問題はなかった」

「その点で、被告人の誰かが発言したのを聞いたことはありますか」

「いいえ。記憶にありません」

「この点で、あなたが誰かに意見を伝えたことは」

「それは私の職務ではありませんから、私が意見を言うことはありません」

「相談を受けたことは」

「それは機密費ですから、私が相談を受けることはありません。機密費は、とても限られた少数の人間が扱うものなのです」

「あなたは先週の金曜日、新聞班長として、いくらかの機密費を扱っていたと証言しましたね」

「月に一五〇〇円から二〇〇〇円ぐらいでした」

「新聞班長としてのあなたの職務は」

「最も重要なことはニュースを発表することでした」

「その発表をコントロールする、それが資金を補助する一番の理由だったのではありませんか」

「同盟通信は、日本国内外の様々な地域に、たくさんの記者を抱えていたが、報道で得る金だけでは運営できないので、政府が補助していたということだと思います。日本の市場はとても小さいので、経費をまかなえないのです」

「将軍、私は納得できない。同盟通信に補助を与えたのは、発表をコントロールするためだったのではありませんか」

「いいえ、そうではありません。経費をまかなうためです」

議論はいっこうにかみあわない。ここで正午を迎え昼休みに入った。

再開は午後一時半で、しばらく同盟通信をめぐる押し問答が続くが、意味のある証言は得られない。そこでまた話題が転じた。

「それでは同盟通信に限らず、すべてのメディアに対象を広げましょう。ニュースあるいは宣伝を広げるための機密費からの相当な金額は、軍閥の目的に対して報道に好意を持たせるために使ったのではありませんか」

「いいえ、私が着任してからは違います。満州事変の前は、新聞社の財政状況がとても悪く、様々な新聞社が財政支援を求めて日常的に陸軍省に来ていたと聞いていました。しかし、支那事変が始まると新聞は財政状況が好転したのです。金を無心する必要はなくなり、彼らに金を与える必要もなくなりました。日本の新聞社は、支那事変から大東亜戦争まで、途方もない金を儲けたのです」

報道の窓口役を長年つとめた松村の発言からは、身近に新聞社を観察してきた実感が伝わってくる。

「東京において、新聞やラジオの代表を大がかりに買収したことは否定するのですね」

「否定します。私が新聞班に来てからはありません。放送局も完全な独占ですから財政状況はとてもよかったのです。映画も儲かりました」

その当時、放送局と呼べるのは今日のＮＨＫの前身組織だけである。

「なるほど将軍、新聞社や映画会社は財政状況もとてもよかった。そうだとしても、特派員個人は支配者側の気に入ったニュースを、金をもらうことで書くことがあったのではありませんか」

「特派員はとても高い給料をもらっていたし、特ダネを得ようと特派員は兵士たちに豪華なご馳走をしていました」

「特派員は兵士と一緒に食事をしたのですか」

「前線で動いている時は兵士と一緒に生活し、食事をしました。しかし、それ以外の時には、彼らは自前の拠点を持ち、贅沢な暮らしをしていました」

「どこからその贅沢な暮らしの資金を得ていたのですか」

「経費は新聞社が払いました。大きな新聞社だけが特派員を送ることができたので、そうした特派員は兵士よりずっと贅沢な暮らしができたのです」

「彼らはどこで贅沢品を買ったのですか」

「軍が動いている時は、特派員も兵士と同じくするしかありません。しかし、いったん落ち着くと、特派員はシンガポールや上海のような通信拠点で贅沢な生活ができました。そうした地域では、物資が日本よりも豊富にありました。中国でインフレが激しくなると、新聞社は特派員の経費がかさみ、どうにかしなくてはと思うようになりました。ちょうどそんな時に、戦争が終わったのです」

「そうした特派員の贅沢な暮らしは、東京発の情報を広めることへの恩賞だったのですか」

「いいえ、特派員は会社から給料をもらうもので、その会社は戦争景気にわいていたのです」

「新聞社が戦争で景気がよかったのは、政府の機密費を受け取っていたからですか」

「機密費と戦争景気は関係ありません。日本の新聞社は、支那事件から大東亜戦争を通して、途方もない金を儲けたのです。購読者数の増加とそれに伴う広告の増大によるものです」

思い描いていた構図に合うような証言が得られない。この筋をこれ以上追及しても仕方がないことを自覚したのだろう。検察官は机の上に書類を取り出した。

「将軍、この日本語をどう読みますか」

「臨時軍事費」「機密費」

エドワーズは「こちらに注目して下さい」と別の文書を提示した。

「一九三三年一二月二七日に一九七万円が関東軍参謀長に送られたことを示すものですね」

「その通りです」

「関東軍参謀長は被告人小磯（国昭）でしたね」

「その通りです」

「この文書は、機密費が支出されたことを示したものですね」

「その通りです」

「関東軍に勤務したあなたの経験からして、参謀長は機密費を何に使いましたか」

「関東軍参謀長が機密費を何に使ったのか、私には分かりません。その文書の当時、私は関東軍にいませんでしたし、関東軍にいた時は新聞班の勤務でした。このような文書を見たのは初めてです」

「将軍、注意してほしいのですが、そこに記された一九七万円はたった三カ月分なのですよ。あなたの答えによると、参謀長が何に使ったか、あなたは知る立場でなかった」

「その通りです」

問う側と、答える側の間の緊張感が一気に高まった。

ところが、それ以上の問いが検察官から投げかけられることはなかった。

「そろそろ尋問を終わりにしますが、これまでの証言で何か訂正すること、見直したいことはありますか。あるいはまだ話していないが、何か役に立ちそうだと思うことはありますか」

「いいえ。新聞班の関心は何を書かれるかで、お金ではありませんでした。あまりお役に立てませんでしたが、事情をご理解下さい」

エドワーズも紳士的に答えた。

「ご協力に感謝します」

意気込みと費やされた時間に比べると収穫は乏しかった。それでもエドワーズは落胆しなかった。多くの人物をリストアップしており、その中でも「十分な情報が得られなかった場合は、この人物を尋問するべきだ。機密費の悪用についての一次情報を持っているはずで、特に東条について知っている」と田中が名指しした人物が、翌日に現れることになっていたのだ。

陸軍次官・柴山兼四郎

その人物、柴山兼四郎は予定通り三月二五日、市ヶ谷台に出頭してきた。これまでの二人よりさらに高位の陸軍中将であり、この当時五七歳である。

その軍歴は以下のようなものである。張学良の軍事顧問、北京駐在の武官補佐官、久留米の輜重兵連隊長を経て、一九三七年三月に陸軍省軍務課長。その後、天津と漢口の特務機関長、輜重兵学校長、輜重兵監を歴任し、一九四二年四月から第二六師団長として蒙古の前線を転戦、南京政府最高軍事顧問をつとめた後、一九四四年八月から一九四五年七月まで陸軍次官。

この尋問には、エドワーズ、ランバートのコンビに加え、エリック・フレッシャー中尉も顔をそろえた。尋問官三人という布陣からはＩＰＳの並々ならぬ意気込みが伝わってくる。

開始早々、弁護側の要請で「宣誓供述書」をすでに提出したことを柴山は明らかにした。梅津美治郎、土肥原賢二、木村兵太郎の分だという。三人とも陸軍大将である。

「証人として法廷に呼ばれることが決まっているのですか」と確認を求め、「決まっていない」との返答を受けると、「それでは将軍、私にはあなたを自由に尋問する権利があると判断します」と語り、手続きに戸惑った前日と異なり、ためらいなく尋問を始めた。

単刀直入に機密費に切り込んだ。

「それでは将軍、あなたは陸軍省で軍務課長をつとめた期間に、どの範囲まで機密費を使いましたか。あるいはどこまでがあなたの責任範囲でしたか」

「軍務課長として私は機密費を受け取っていない。しかし、軍務課としては、雑誌や新聞の記者など外部との接触があり、彼らは軍についての原稿を書くので、いくらかの割り当てがあった。この金は年に二、三回、それぞれの人に数百円を財政支援として与えたものだった。それが年にすると三〇〇〇円から四〇〇〇円だったと記憶している」

新聞記者、原稿、財政支援……。これは期待が持てそうだ。

「軍務局長はかなりの額の機密費を扱っていたのですか」

「年に数万円は支出しただろうが、詳しくは知らない」

「機密費を管理していたのは陸軍次官だったのは確かですか」

「陸軍省内で使われる機密費は主に陸軍次官が扱っていた」

「どのような目的に、機密費は使われましたか」

「陸軍次官をした経験からすると、陸軍省内の機密費の使途は、接待のような外部との接触、局長の旅費、雑誌や新聞の記者への財政援助といったことだった」

「記者への財政援助とはどのような意味ですか」

「新聞や雑誌の代表が財政援助を求めてやってきて、陸軍の考えや宣伝を広める記事を書くという。とても迷惑で、そうした援助を与える相手を私は制限した。支援を求めて通い続ける思想団体もかなりの数あった」

「財政支援の基準は、どのようなものでしたか」

「記録にある過去の実績が基本。新たな記者に同じチャンスはなかった」

「そうした記者への支出を通して軍が期待したのは、世論の支持を得ることだったのですか」

「陸軍の理念や思想は、彼らの助けがなくても十分に広まっていた。そうした記者に周辺をうろついてほしくなかったのだ」

「陸軍省には、どのぐらいの機密費があったのですか」

「月に四万─五万円の予算があり、陸軍省内の大臣、次官、局長たちの交際費に充てていた。年間では五〇万円から六〇万円だった」

「そのほかに機密費はどのぐらいあったのですか」

「ほかに二〇万から三〇万円が認められていた。雑誌、新聞の記者への助成、陸軍省主催の会合の経費、空襲で被害を受けた職員への救援などに使った」

「実戦部隊にはどのぐらいの機密費が配分されていたのですか」

「次官の時、陸軍全体でほぼ一億円あると思っていた。様々な地域の様々な部隊に臨時軍事費から機密費として配分されたものの総額だ」

「将軍、支給された機密費がどのように使われたのかを教えて下さい」

「主に接待費に使われた。情報収集、本来の意味でのプロパガンダ、現地の人たちの対日感情対策、降伏させるための敵の買収。私が司令官だった時には、そうした使い道だった」

「悪用についての報告はありましたか」

「罰を受けた者がいた。女と関係を持つといった遊興に使ったもので、アヘンで罰を受けた者もいた」

「憲兵隊が捜査をした具体例を知っていますか」

「機密費には支出報告が要らなかった。そのために支出が贅沢になり、それで露見し、憲兵隊が踏み込むことになる。機密費の捜査はとても難しい」

「将軍、きょうの議論を終える時間になりました。ご協力に深く感謝します。ところで、あさっての午後一時三〇分にまたお会いできますか」とのエドワーズの申し出でこの日の尋問は終了している。

二日後の三月二七日、柴山はまた市ヶ谷台に姿を現し、尋問は午後一時半に始まった。

「柴山将軍、機密費の経理の仕組みを説明して下さい。会計報告はどうなっていましたか」

「機密費が引き出され支出された事実は報告される。しかし、その金を受け取った人間が、その金を何に使ったのかという会計報告は必要なかった。例えば、〈情報収集〉といった理由で支出されるのだが、それは名目にすぎないので、別の目的に使うことは可能だった」

「最初の支出に関する文書を役所は保管していますか」

「終戦時に、多くの機密書類は焼却や破棄したので、たぶん残っていないだろう」

ここで検察官は文書を提示した。

「将軍、この文書をご覧下さい。支出額はいくらですか」

これまで何度か登場した関東軍参謀長小磯国昭宛ての支出の記録である。

「その文書によれば、一九七万円」

「将軍、教えて下さい。野戦軍の参謀長がどのように使うと想定すると、そのような規模の機密費になるのですか」

「一般的なことは私には言えない。使途は状況によって様々だからだ。しかし、文書に示された日付から考えて、その金は満州におけるプロパガンダ、機密情報の収集、日本に帰順しない満州兵への工作に使われたはずだ」

「柴山将軍、関東軍参謀長に送られた機密費が、東京の陸軍次官に送り返され、政治的な目的のために、この東京で使われたということを聞いたことはありませんか」

「聞いたことがない」

「現場から東京へと機密費が送り返されたことを聞いたことはありませんか」

「まったくない」

「あなたが陸軍次官の時に、使った機密費はどこから来たものでしたか」

「少し経緯を説明した方がいいだろう。陸軍省には使える機密費がなかったので、柳川平助次官の時に、ある程度の金額の要求がおこった。そこで、経理課に命じて機密費を蓄えるようになった」

この証言は大変興味深い。

「臨時軍事費一千億の行方」と題した回想を陸軍省で予算班長をつとめた稲葉正夫が一九五四年一〇月の『文藝春秋』臨時増刊号に寄せている。「平時の機密費は在外武官等の情報活動に局限されるので極めて窮屈だった。しかし一度戦争、事変になると、血みどろな武力戦の裏で、虚々実々の情報謀略戦が火花を散らす、これは列国共通の戦いの姿だ。このためには多々益々弁ずということになる。陸軍の機密費も、満州事変前の昭和五年(一九三〇年)には三〇万円の少額だったが、満州事変には一躍平均八五〇万円に増加している」と記している。

ここはきちんと数字を押さえておきたい。そこで国立公文書館を探すと、「昭和十年五月、会計検査院便覧原稿」との題がある手書きの文書が見つかった。外務、内務、法務など八つの省と、専売、帝国鉄道、朝鮮総督府など七つの特別会計における一九二四年(大正一三年)から一九三三年(昭和八年)までの各年度の機密費の推移を表にしたものである。

表1　機密費の推移 1924–1933(「昭和10年5月，会計検査院便覧原稿」国立公文書館所蔵．単位は円)

	外務省	内務省	陸軍省	海軍省
1924	2,626,671	927,393	360,267	95,000
1925	1,813,292	612,043	415,090	125,000
1926	1,736,455	638,443	373,690	80,000
1927	1,936,271	1,656,358	558,690	500,000
1928	1,589,992	1,193,101	981,505	412,000
1929	1,987,496	1,858,662	672,025	265,000
1930	1,360,349	666,641	308,525	108,000
1931	2,003,993	1,584,641	8,108,350	959,600
1932	7,639,843	828,667	12,329,405	1,718,300
1933	3,144,994	817,466	10,334,405	2,043,300

そこから外務、内務、陸軍、海軍の四省分を抜き出してみると表1のようになった。

第一次世界大戦で肥大化した軍事費が財政を圧迫。さらに一九二三年には関東大震災が発生。その復興費を捻出する必要もあり、一九二五年に陸軍の四個師団を廃止した。すると一九二九年には世界恐慌が始まった。

陸軍の機密費には変動の山が二つ見える。

一つは一九二八年であり、前年に比べ七五パーセント増えている。第一次世界大戦で獲得した山東半島の権益を守るための山東出兵、さらには張作霖爆殺事件のあった年である。

もう一つは一九二九年からの三年間で、変動の大きさは際立っている。一九二九年に六七万円あった陸軍省の機密費は、一九三〇年には三〇万円余になっている。実に五五パーセントの減である。陸軍省だけでなく、海軍省は六〇パーセント、内務省は六五パーセントも減っている。時の浜口雄幸内閣は軍縮を政策の柱に掲げ、一九三〇年にはロンドン軍縮会議で海軍軍備制限条約に調印。山東出兵は一九二九年に撤兵を終えており、陸軍は予算を確保する名目を失っていた。

国立公文書館には大蔵省が一九三〇年度に作った「歳出実行予算中機密費節約額提案対案比較表」という文書も残っていた。大幅に減額して予算に計上した機密費の使用を抑制するよう各省に求めたことを記録したもので、陸軍省には二万八三〇三円を、海軍省には六八〇〇円の節約を提案していた。機密費はぎりぎりにまで削り込まれていた。

そのような状況にあった一九三一年に勃発したのが満州事変であった。すると陸軍の機密費は一気に八一〇万円にまで膨れあがった。前年度の実に二七倍である。大正末年の軍縮で四個師団を廃止することで削減できたのが一六〇〇万円であったことを振り返ると、その規模がイメージできるだろう。満州事変の勃発は九月で、年度の残りはほぼ半年であった。その短い期間で莫大な予算をどう処理したのだろう。防衛省防衛研究所が所蔵する資料を調べると、一九三二年三月三日付の機密費交付の書類が見つかった。関東軍に三〇〇万円交付したことを示すものだ。前年度の陸軍省機密費総額の一〇倍もの金額が年度末に無造作に支出されていた。その二日後にも、また機密費の交付が決裁されていた。関東軍に七万円、上海派遣軍に二〇万円などとするもので総額三八万九〇〇〇円。戦火は上海へと飛び火しており、その対策費の名目なのだろうが、満州事変によって陸軍の金銭事情が一変したことを物語っている。

柳川平助が次官になったのは満州事変勃発の翌一九三二年の八月のことなので、すでに莫大な機密費が予算には計上されていた。「陸軍省には使える機密費がなかったので、柳川平助次官の時に、ある程度の金額の要求がおこった」との柴山の証言は、満州事変で急増した機密費は、本来は前線の部隊で使う建前だったが、それを東京の陸軍省にも配分する仕組みを作ったという意味と理解することができるだろう。

「私の任期中の機密費の支出は年に一〇〇万円を少し超えたぐらい、あるいは一二〇万から一三〇万円ぐらいだったと思うが、六〇〇万円ぐらいは貯まっていた」とも柴山は語っている。戦争の末期には陸軍省本体でも相当な蓄えができていたようだが、エドワーズの関心は陸軍省における機密費の歴史ではない。

「あなたが陸軍次官をされた時の話に戻ります。機密費を政治家、政党の指導者、政治団体に使ったことはありましたか」

「機密費をそのようなことに使ったことはない」

「陸軍機密費を政治のために使ったという噂を聞いたことはありますか」

「政府が政党によって運営されていた以前は、そうした噂を聞いたことがあった。しかし、戦争が始まってからは、政党は翼賛政治会に統合され、陸軍の機密費を使う必要がなくなった。翼賛政治会は軍の道具のようなもので、軍の命令にすべて従ったからだ」

「しかし、柴山将軍、あなたは耳にしたことはありませんか。国会をコントロールしたい、操縦したいと狙ったグループが、軍あるいは陸軍省の中にあったということを」

「そんな話は聞いたことがない」

政治家が軍の意向通りに動いたらしいことは柴山も認めるのだが、それに機密費が使われたとのＩＰＳが抱く疑いは軽く否定されてしまった。

「選挙資金として機密費から五〇〇〇円が配られたという噂を聞いたことはありませんか」

「まったく知らない。それに私が次官だった時に選挙はなかった。内閣書記官長が……といった噂は聞いたことがあるが、事実は知らない」

思ったような収穫が得られない。仕方なくまた話題を転じた。

「将軍、あなたは陸軍省の軍務課長をつとめられましたが、報道関係の窓口役もされましたか」

「はい」

柴山が軍務課長だったのは一九三七年三月からの一五カ月間であり、日中戦争〈当時は主に〈支那事変〉と呼ばれた〉の勃発時に当たる。

「その役職で、報道関係の代表に機密費を与えたことはありますか」

「ありました」

「機密費を報道関係者に与える時、考慮したのはどのようなことでしたか」

「たいがいは雑誌記者だった。金を渡す人は前の年から決まっていた。私がその役職にいた時に、そうした雑誌が五つか六つあったが、その数を私は減らした」

「どのような理由で減らしたのですか」

「柳川次官が新聞や雑誌の記者に大盤振る舞いしたので、その後始末が大変だった。陸軍の思想を浸透させ、軍の宣伝を広めていると称していたが、どの雑誌も大した価値はなかった。軍にとって価値のない人間や雑誌を私は切った」

「陸軍の宣伝を広めない雑誌には金を払わない、ということですね」

「その通り。反共主義の雑誌は、軍の思想を直接に広める訳ではないが、反ソ連なので、ある程度まで財政的に支援していた」

「そうした宣伝は、第一に侵略的戦争を支援するものでしたか」

「いや。当時、国会は軍事予算を削減しようとしていた。そうした雑誌は、軍予算の増額と軍事施設の必要性を強調する記事を載せていた。石原莞爾(いしわらかんじ)少将が軍事五カ年計画をまとめた時期で、陸軍省はそれを国会に提出し、通過させようとしていた。当時はそれが最大の課題だった」

関東軍参謀として満州事変を立案、実行し、満州国を作り上げたことで知られる石原は、その後は参謀本部の作戦課長、戦争指導課長を経て、一九三七年には作戦部長の要職にあった。満州事変に危機感を覚え兵力を大幅に増強した極東ソ連軍に対抗する態勢を策定していたが、苦しい財政を背景に国会はなかなか認めようとしなかった。

「その五カ年計画は侵略的軍事行動を意図したものではなかったと、あなたは考えるのですね」

「この計画は、満州における対ソ連防衛の必要性を強調したものだった」

「憲兵隊が捜査した機密費の悪用ですが、どのような事例があったのですか」

「覚えているのは、支那事変の時に特務機関の大佐が免職になった。妾の芸者に軍の機密費でカフェーをやらせていたのが露見したものだった」

以上が、切り札と当て込んだ柴山兼四郎の二度にわたる尋問の概要である。証拠として使えそうな証言に到達することはなく、物足りなさのつのる内容だが、エドワーズには尋問内容をじっくりと検討する余裕はなかった。

午前に松村秀逸を、午後に柴山兼四郎を尋問した三月二四日は月曜日だった。そして柴山を再度呼び出したのは木曜日だった二七日の午後であった。その間に、エドワーズはほかに四人の尋問をこなしていた。

三月二五日、小山亮(衆議院議員)

三月二五日、津雲国利(衆議院議員)

三月二六日、遠藤柳作(阿部信行内閣書記官長)

三月二七日、田辺治通(平沼騏一郎内閣書記官長)

高官が次々と出頭してくる。しかも一癖も二癖もある猛者ばかりであった。

親軍政治家・小山亮

衆議院議員小山亮(こやままこと)の尋問からのぞいてみよう。

小山は長野県選出で当初は政友会の所属。敗戦時には当選三回で、〈親軍政治家〉と見なされていたようだが、船員出身の小山は海軍が嫌いだったといい、厳密には〈親陸軍〉の代議士であったようだ。

小山の尋問は、田中のこんな証言がもとになっていた。

「一九四一年三月ごろ、軍務局長だった被告人武藤章から依頼され、現金三〇〇〇円を小山亮に渡した。別れ際に小山は〈この金でパンフレットを作れば役に立つ〉と上機嫌に語った」

一九四一年三月は第二次近衛内閣であり、その内閣の小林一三（いちぞう）商工大臣を小山は激しく攻撃していた。阪急グループの総帥で宝塚歌劇や東宝映画の生みの親として知られる小林は東京電力の前身である東京電燈の社長などもつとめており、経済人の代表として内閣に迎えられていた。

熱が出たとの理由で小林が欠席した二月二〇日の決算委員会は、帝国議会会議録を要約すると以下のような具合である。

「昨年一一月、経済新体制案を経済閣僚懇談会で審議していた当時、怪文書が流布されデマが乱れ飛んだのであります。その後に新聞で報じられた政府の原案を見ると、私が入手していた怪文書と一致した。調べを進めてみると、企画院が作った原案を持っていたのは経済閣僚だけだったのであります。国家の重要なる最高首脳部において目下審議中である書類、何者にも目を触れさせてはならぬ機密の書類がばらまかれていたという事実に、私は慄然としたのであります。

このようなことで、どうして日本が戦争をすることができますか。どうして国の機密などというものを保持することができますか。この書類がどこから出たかということを段々内偵しますと、法学博士の渡辺銕蔵（てつぞう）君と末永某という実業家とが合作でこれらの書類を作って各方面に配付したものだと聞いた。その渡辺銕蔵君が誰からこの書類を手に入れたかといえば、これも私の聞くところによれば、小林一三商工大臣から手に入れた。渡辺銕蔵君は昭和一五年一一月二二日に商工省に行って、商工大臣と親しく会っている。そしてこの原案を借りて来ている。国家の機密事項に属すべきもの、それらの人の手から外界に流布している。これで今日の日本の戦時下における所の大臣として資格があるのか」

小山が問題としたのは「経済新体制確立要綱」で、一九四〇年秋に企画院がまとめたものだ。それを経済閣僚懇談会で討議中の段階で、小林商工大臣が外部に漏洩させたと小山は〈独自の内偵〉を根拠に小林を責めたのだった。

そして小山は問いかける。

「憲兵隊は、これに対してお取り調べをなさったことがありますか。これは極めて重要なことでありますから、このようなことがそのままうやむやになって行ったならば、あの戦場に斃(たお)れた所の十万一千の尊き英霊に対して何の顔がありますか。現にあの戦線に働いている将兵に対して、銃後の吾々は何として言い訳がありますか。

軍当局はこれに対してお調べになったことがありますか。このような事実があったかなかったか、ご答弁を煩わしたい」

答弁したのは、憲兵隊を所管する兵務局長の田中隆吉である。

「この怪文書は私の知っております所では、一官吏の私案と聞いておりましたが、軍は非常な迷惑をいたしました。その文書が出ました時に、軍の思想が共産主義である、あるいは企画院に軍から行っておる軍人が共産主義であるというような説も流布され、実に吾々陸軍としては忍ぶべからざる侮辱を受けたのでありますが、私はこの席上で軍は決して共産主義ではない、軍の抱懐する政策は真にこの国際危局に処しまして、この国難を突破しようという政策であります。この怪文書によって起こされた世間の誤解に対しましてここに断固として抗議いたします。

それでは、その問題につきまして、憲兵隊で取り調べたか、取り調べた結果どうであるかということに関しましては、遺憾ながら軍の信義にかけて申し上げるわけにはまいりません」

小山は重ねて質問する。

「私が申し上げた事実はあるのかないのかを取り調べるお考えはありますか、ありませんか。これはデマだとしてそのままに放置されますか。あるいはお取り調べになりますか」

「デマであるとは申しません。取り調べたか取り調べないか、取り調べた内容はどうであったかということは軍の信義にかけて申し上げられません」

小山はさらに食い下がる。

「そうすると取り調べたことだけは事実であると、こう考えてよろしいのですか」

田中は短く答えた。

「ご推定にお任せします」

ここから小山は、会計検査院の検査の結果だとして小林大臣には脱税の嫌疑が持ち上がっていると指摘する。そのうえで「脱税を平気でするような人であるから、その人が重要な地位に就いても機密を漏洩するような怪しいことをするわけです。一国の国務大臣たる者は身を以て衆を率いる信念と気概がなければならない。そのような人が重要な地位を利用して国家の機密事項を漏洩していることがどんどん許されることになったら、日本の国民思想はどうなりますか。どのぐらい悪化するのか測り知れないと私は思う」と批判の声を張り上げている。

企画院事件

この小林大臣攻撃の背景ものぞいておこう。

一九四〇年は一月に陸軍出身の阿部信行内閣が倒れ、後を継いだ海軍出身の米内光政（よないみつまさ）内閣も陸軍の抵抗によって七月に崩壊した。そこで登場し、二度目の首相に就いた公爵近衛文麿は、九月に日独伊三国軍事同盟を締結、一〇月には大政翼賛会を発足させ、一一月には紀元二千六百年の記念式典を盛大に挙行している。

近衛内閣が掲げたのは〈新体制〉〈新秩序〉の確立であった。ナチス・ドイツをモデルにしたファシズム国家や東アジアのブロック経済圏を目指し、〈高度国防国家体制〉を築くことを目標とした。国家総動員法、電力管理法などを一九三八年に制定して以来進めてきた全体主義体制整備の最終局面であった。その仕上げとして企画院総裁星野直樹、商工次官岸信介ら一群の官僚（「革新官僚」などと呼ばれた）たちがまとめたのが「経済新体制確立要綱」だった。自由経済体制を否定する内容で、それに対して経済人は反対の声を挙げ、「アカ」との批判を浴びせた。立案に参加した官僚たちが治安維持法違反に問われる〈企画院事件〉に発展していた。大臣になるまで小林は東京電燈の社長として電力業界の統制や再編に強い反対の姿勢を示しており、この要綱に対しても否定的立場だった。

統制経済の強化を考える軍部と革新官僚、それに対して自由な活動を求める経済人との間の軋轢が高まる中、経済界を代表する小林大臣と革新官僚のリーダーである岸次官との対立は先鋭化。小林は一九四〇年の年末に岸を更迭し、抗争は新たな段階へと踏み出していた。

小山の〈機密漏洩〉攻撃は、そうした状況下で繰り出されたものだった。

二月二五日の決算委員会で、ついに小山と小林は直接向かい合った。煮え切らない答弁を重ねる小林大臣に、小山は詰め寄っている。

「もしご承知がなければ、私がこれから詳細に事実を申し述べます。ご参考のためによくご聴取願いたい。お忘れなきように願いたい。

商工省企画課長山地八郎という人が七月二五日、麴町区丸の内の鉄道協会四階の貸部屋で開かれた木曜会に出席しました。木曜会の幹事である報知新聞記者川尻連夫君に、同僚と一緒に作った経済新体制覚書の原文二〇部を渡したのであります。

ところが田沼という会員が出席していなかったので、川尻君は田沼君にこの覚書一部を郵送したのです。その郵送した覚書が七月下旬ごろ、ダイヤモンド社の石川賢吉君の手に入りました。石川賢吉君は同社の編集部長の松澤勇雄君に命じまして、これを印刷させました。その部数は数十部、あるいは数百部にのぼるものかもしれませんが、非常に多くを印刷しました。そうしてそれを各方面の相当の知名人に配付されておるように私は取り調べております。

その中で、日本経済連盟の高島誠一、星名信二という両名に交付されたものが、あなたの最もご懇意の渡辺銕蔵君の手に入った。渡辺銕蔵君はその文書を持ってあなたの所へ聞きに行ったということがあるという噂を聞いたのでありますが、そのような事実はご承知でありますか。あるいはお忘れになりましたか」

小林大臣は、正面からは取り合わない作戦であった。

「小山さんのご推定によるご質問に対して、私はお話することをお断り申し上げたいと思います」

業を煮やした小山はさらに具体的な事実を持ち出し追及する。

「私が調べました事実、これらをあなたの前に開陳したいのであります。石川賢吉君が印刷をしまして配付しました文書、この文書を受け取った渡辺銕蔵君が、一一月の二二日の午後五時に、大臣室に商工大臣を訪問して、このような文書が出たが、〈これは企画院の原案だろうか、原案なら大変だ〉と言った。小林大臣は〈左様なものは原案じゃない、これはにせ物だ、だから心配するな〉とおっしゃった。商工省の企画課長の作った文面というものは、研究会資料として作られたものであることが初めて明確にされたと言われておりますが、事実でありますか」

小林大臣の姿勢は変わらない。

「渡辺氏に話したか、話さぬかという質問に対しては、お答えすることはできません」

小山はさらに〈内偵の成果〉を披露する。

「あなたはその時に、渡辺銕蔵君に対して、〈これは嘘だ〉とおっしゃったばかりでなく、〈本物はこれだ〉と言って、お出しになってお見せになったものが、当時経済閣僚懇談会で審議されていた本当の企画院原案だったのじゃないですか。その原案を渡辺銕蔵君はあなたから借りて、丁寧にも一晩自分の家に持ち帰っている。そうして翌日、あなたにお返しした。渡辺銕蔵君はその持ち帰った印刷物、すなわち企画院原案を三〇部ばかり印刷しまして、各方面に配付した。これは非常に広範囲に配付されておる。内閣で審議しておる重要な機密事項が、審議中に外間に洩れているではないですか」

この質問にも小林はまともに答えず、二人の間の質疑はまったくかみあわないまま終了しているが、小林は逃げ切ったというわけではなかった。四月には内閣改造という形で大臣の座を追われている。

その直後、『中央公論』五月号に小林は「大臣落第記」なる一文を載せているが、自嘲的な恨み節の随筆である。『中央公論』の畑中繁雄は、この「大臣落第記」は連載の予定で始まったが、軍部の圧力で二回目以降の掲載ができなかった、と内幕を著作に記している。

この年の一〇月に東条政権が誕生すると、岸信介は商工大臣として表舞台に復帰している。路線をめぐる政争は、軍部と革新官僚側の完勝に終わった。小山の没後に刊行された伝記『反骨一代』の冒頭に、岸は「小山君の国家に対する功績は実に偉大であった」との言葉を寄せている。

日本が戦争へと向かう進路を決めた政争の背後に陸軍の意図があり、国会での質問に絡んで陸軍の情報と機密費が国会議員に提供されていたと田中は指摘したのだった。

田中は一連の騒動の直接の当事者であり、その田中の証言は議会の記録とも平仄（ひょうそく）が合う。エドワーズは期待して小山を呼び出した。

ところが小山は、田中の話を真っ向から否定した。

以下のような具合である。

「小山さん、あなたは特定の高官を失脚させることを目的に、金銭の受け渡しをともなう取引に関わったことはありましたか」

「ありません」

「あなたは田中隆吉将軍の自宅を特別な目的で訪ねたという記憶はありますか」

「田中とはとても親しい仲だが、彼の家に行ったことは一度もない」

「一九四一年三月ごろ、小林一三に反対するための資金として三〇〇〇円を誰かがあなたに提供しましたか」

「いいえ」

「小林を失脚させるために三〇〇〇円を、あなたに渡したと主張する人がいるのですが」

「それはまったくの嘘だ」

エドワーズは困ってしまったが、そこで立ち止まり思案する余裕はなかった。午後にはまた別の高官がやってくる。

貧しい国の接待費——津雲国利

そこに出頭してきた津雲国利(つくもくにとし)は東京・青梅の出身。翼賛政治会の幹部で、小山と同様に〈親軍代議士〉の一人であった。「翼賛選挙で陸軍の機密費が候補者に配られたことを知っているはずだ」として田中は名前を挙げていた。

尋問官はエドワーズとランバートの二人である。

「あなたは衆議院議員を何年されましたか」

「一九三〇年から今年解散するまで議員だったので、一七年、いや、約一六年だ」

「その間の経験を通して、機密費とはどのようなものだと思っていますか」

「機密費にもいろいろある。私が政務次官だった時、拓務省の機密費は年間約五万円だった。ほかの役所もだいたい同じぐらいの額を受け取っていた。しかし、内務省は共産主義との戦いがあるので、もっともらっていた。機密費が一番多いのは外務省だといわれていた。しかし、国会議員は機密費の額は知らなかった。国会に送られてくる予算では、機密費は見えないからだ」

「機密費とはどのようなものだと思っていましたか」

「内務省の場合は、機密費は共産主義との戦いや、右翼をコントロールするためのものだ。ほかの省庁の場合は、接待や交際のために使われていたと思っていた」

「交際の目的とはどんな意味ですか」

「拓務省では、職員の接待や宴会、朝鮮や台湾、樺太からの歓迎会に使われていた。いろいろな会社の民間人の接待にも使われた。国会の開会中には政党の幹部や議員の接待に使われた」

「津雲さん、あなたが説明したようなことのために、なぜ機密費が必要なのですか」

「日本は国が貧しいので、接待をするにしても、予算の中の接待費には国民が嫌な顔をする。そのために、予算には接待費を盛り込まないことになっている。そこで機密費が生まれてきたと私は考えている。しかし、この機密費は不十分なので、しばしば身銭を切らなくてはいけなかった。そのために日本では貧しい人間は大臣になれないと言われている。

機密費に経理の説明は不要だ。残れば次の大臣に引き継ぐこともあるが、それは正直な政治家の場合だ。余った金を自分のものにする者もいる」

「自分のものにした例を話してくれませんか」

「機密費を自分のものにした例がいくつもあることを私は知っている。しかし、そうした人たちの名誉に関わるので、名前は言いたくない」

「分かりました」

「政治の世界ではよく知られていることだが、大臣の座につくと、機密費の支出を節約するものだ。会計報告の必要がないのだから、そうすればその座を離れる時には、相当の金額を自分のものにすることができる」

なるほどとも思うのだが、検察官の関心はそこにはない。

「機密費が宣伝を広めるために使われていることも、よく知られていますか。津雲さん」

「そうだろうと思う」

「そう思う根拠は何ですか」

「例えば、過去二〇年、あるいは三〇年、日本は共産主義と戦ってきた。これは内務省の担当で、共産主義を攻撃するのは右翼の者だが、右翼の活動を支えているのが内務省からの金であるというのは常識的な見方だ」

「軍閥の目的を促進するための宣伝に使われたことはありましたか」

「日本、ドイツ、イタリアで三国同盟が結ばれた時、新聞は突然、条約に好意的な記事を多数載せた。その同盟締結を主張する活動も多数の政治団体によってきわめて活発になった。同盟を擁護した団体は、その同盟によって最も利益を受ける役所から金をもらっていたと私は思っている」

「それはどの役所ですか。津雲さん」

「陸軍の一部、決して陸軍の全部ではなかったと思う。陸軍の全体が背後にいたのでないことは明白で、それは陸軍の一部だった」

「何か特別の集団を指しているのですか」

「当時、同盟を望んでいるのは陸軍全体ではなく、一部の集団だと私たちは思っていた」

「同盟を擁護する記事が新聞にあふれたとあなたは説明しましたが、そうした宣伝をしてもらうために、新聞やラジオなどに機密費が賄賂として使われただろうとの考えなのですか」

「新聞、ラジオ、公論団体に、その条約の締結の意義を真剣に信じていた人がいくらかはいただろう。しかし、ごく短期間で、たくさんの人がその政策の支持を主張するようになったという事実がある。あなたが言ったような影響があったのだろうとの構図が思い浮かぶ」

「そのことに何らかの疑いはありますか、津雲さん」

「一五年間政治家をしてきた常識からして、そのような影響があったと思う。さらに言えば、国際状況からすると、そのような条約を本当に信じていた人間はほとんどいなかった。しかし、事実として、金を持たないいくつもの団体が急に演説を始め、パンフレットを発行し始めた。どこから金が流れたのか不思議だった」

日独伊三国軍事同盟は日本が破滅へと向かう大きな分岐点となった条約であった。その大きな政治決断がなされた当時のそれが情景であったようだ。

検察官の尋問が続く。

「津雲さん、政府の目的を推進することを可能にするために政党に対して機密費が使われていたことをあなたはよく知っていたのではないかと思うのですが」

「その質問に答えよう。政党が政府から機密費をもらっているとの噂に対して批判があった。そのような噂と批判に対抗するために、政党は裕福な人を党員に迎え寄付を受け取った。しかし、私は財政担当の役職をしたことがないので、具体的な事実を話すことはできない」

「特定の個人に機密費が渡されたという事例を知りませんか」

「個人は知らないが、行事に機密費が出されたことは知っている」

「説明して下さい」

「阿部信行将軍が南京の大使に指名された。一九四〇年の春のことで、彼は盛大な壮行会を要求し、陸軍が機密費から金を出した」

蔣介石政権の有力者だった汪兆銘を、日本陸軍は重慶から脱出させ、南京国民政府と呼ばれる政権を立ち上げた。阿部はその祝賀と条約締結のための特使として派遣されている。

「一九四二年四月に選挙がありましたね」

「ああ、あった」

「その選挙に絡んで何か聞いたことはありましたか」

「陸軍の機密費が大政翼賛会の選挙対策の委員会に渡ったとの噂が流れた。私は委員ではなかったので、真相は知らない」

「その選挙の時、あなたはどの政党のメンバーでしたか」

「翼賛政治体制協議会から推薦を受けていた」

「その政党は色分けすると、親軍的それとも反軍的ですか」

「戦争が始まった後は、すべての政党が戦争の遂行に協力した」

「その選挙の期間中に、候補者の財政支援に機密費からの資金が使われたという事実をあなたは知っていますか」

「どこから来た金かは知らないが、財政的に困っていた候補者には金が与えられたことは知っている。全員ではないが、一人五〇〇〇円だった」

五〇〇〇円という金額がついに当事者の口から飛び出した。

「五〇〇〇円をもらったのは軍寄りで知られていた人たちですか」

「金に困っていない者は断った。政治姿勢とは無関係だ」

「すべての議員に申し出があったのですか」

「そうだ。一人当たり五〇〇〇円だった」

「誰が提供したのですか」

「総裁の阿部信行だ。全員を呼び、その金を提供した。協議会の役員が届けたこともあった」

「阿部はどのようにしてその資金を調達したのですか、津雲さん」

「先に説明したような噂があった。協議会の説明によると、金は裕福な実業家たちが出した。しかし、その実情を私は知らない」

「機密費から出ているとの噂があったのですね」

「噂はあったが、実情は知らない」

「あなたにも五〇〇〇円の申し出があったのですか」

「金は常に自分でまかなってきた。だから私にはなかった」

「支援が、軍閥の目的に同調的かという点で決まったということはありませんか」

「条件はなかった。それは日本の政治の慣習で、現職の議員には所属する政党から金が出るものだ」

五〇〇〇円は政党の公認料のようなものだったとの見解である。

「しかし、機密費から資金を調達したとの噂が流れたとすると、政権にある一派の狙いに同調的である人にだけ提供を申し出たためではないのですか」

「アメリカとの戦争が始まる前、国会議員の意見は様々だった。戦争に賛成の者もいれば、反対の者もいた。しかし戦争が始まると、国が一つにまとまることの必要性を認識し不満の種を忘れた」

「個々の視点を買収することで、国を統一できたのですか」

「政党が金を出すのは財政支援の慣習だ。戦争はすでに始まっており、国は高いレベルでまとまっていたので、国をまとめるという目的で金を助成する必要性は、その選挙の時にはなかった」

「五〇〇〇円を提供されたら、その考えを支援する方向へとあなたは傾きませんか」

「戦争はすでに始まっていたのだ。戦争遂行への協力は基本的方針としてすでに決まっていた。戦争を目の前にして、違う考えの人がいたとしても、そのような考えは戦争が始まるなり捨て去られた。何か特定の考えに仕向ける必要などなかったのだ」

「そのような事実はあったとしても、津雲さん、このように言うことは可能ですか。陸軍省のあるグループには国会をコントロールしたい強い願望があった」

「国会をコントロールしたいとの思いは、その時だけのものではない。以前からあった」

いくら尋ねても具体的な事例が出てこない。

「津雲さん、私の示す紙に記された日本語をご覧下さい。この文字ですが、何という意味ですか」

「満州事件費機密費。軍の行政目的に使われる資金だろう」

「国会議員として、そうした資金を承認したことを覚えていますか」

「何度か」

「津雲さん、あなたは三好英之（みよしひでゆき）さんを知っていますか」

三好は山陰の裕福な実業家として知られた政治家である。

「同じ時期に国会議員だった。近衛内閣の時も、その後の翼賛政治会でも一緒に働いた」

田中隆吉が提供した情報の核心部分にようやく到達した。

「その政党の指導者になった時に、あなたと三好さんは、かなりの金額を直接、あるいは間接的に被告人東条から受け取ったのではありませんか。あなたと三好さんは国会を操縦するために、それぞれ一〇〇万円を使うことが可能だったとの報告を私は受けているのです」

「噂は知っているが、翼賛会の金を使えばいい。そんな金を受け取るなどありえない」

「翼賛会が機密費からの金を手渡すことは可能だったし、あなたと三好さんは党の指導者として、その金を政治目的に使うことが可能だった。そうではありませんか」

「翼賛政治会の金は寄付によるものだと思っていた。機密費が入っているとは思いもしなかった」

「翼賛政治会の目的とは何でしたか」

「戦争の支援が設立の目的だった」

「阿部信行は政権を握っていた軍国主義者にとても近く、そしてその政治的な立場から、候補者に機密費を積極的に配ったとの評判があったことを知っていますか」

「阿部が軍と密接な関係にあったのは事実だ。しかし、その金が機密費から来たというのは信じられない。だが候補一人あたり五〇〇〇円、総額だと約二五〇万円になるわけで、その金をどうやって調達したかは素朴に疑問だ」

「翼賛政治会は、どこの銀行に金を預金していたのですか」

「銀行の名前は知らない。そうしたことは事務局だった橋本清之助に聞いてくれ」

橋本は新聞記者の出身で、政治家秘書を経て翼賛政治体制協議会事務局長、翼賛選挙の後は翼賛政治会事務局長をつとめ、東条内閣が崩壊すると貴族院議員に任命された。敗戦後は公職追放が解けると、日本原子力産業会議の初代事務局長となった。この橋本をＩＰＳが尋問した記録は一つだけ残っていた。一九四六年六月のもので、翼賛政治会の財政について問われているが、年間の予算は四〇万—五〇万円程度で、会費と寄付によってまかなわれたと述べている。東条に秘密の資金を提供したのではないか、アヘンの取引について何か知っているのではないかとも問われているが、否定しており、そうした質問に対して「驚きの表情を見せた」と記録されている。

エドワーズの尋問の狙いは明白だ。関東軍を経由した機密費の還流システムがあり、朝鮮銀行の東京の匿名口座に金が届くと、陸軍省軍務局から連絡があり、翼賛政党の職員が引き出すという田中が示した構図の立証である。

「確認したい。引き出しはすべて橋本が行っていたのですね」

「すべては橋本と出納担当者がしていた」

「党の出納報告と銀行の記録は保管されていますか」

「翼政会から大日本政治会になる時に私はやめたので、それ以降は何があったのかを知らない」

戦争も末期の一九四五年、翼賛政治会は分裂し、その後継組織が大日本政治会であった。

津雲の尋問は実に盛りだくさんであった。エドワーズたちがどう咀嚼、整理したのだろうかとも思うのだが、そんなことで悩んでいる余裕はなかった。尋問の予定は待ったなしで詰まっていた。

3 特命捜査の背景

東京裁判第一五六回公判

タベナーが機密費の実態解明を思い立ったのはなぜだったのだろう。尋問調書を読み進むにつれ、そんな疑問が膨らんでいたのだが、東京裁判の速記録を調べるうちに背景が見えてきた。

エドワーズに捜査を命じる三週間前、一九四七年一月二一日の第一五六回公判でのことであった。午前九時三二分に開廷すると、被告人土肥原賢二（どいはらけんじ）について検察側の立証が始まった。陸軍大将の土肥原は、満州国の建国に際し清朝の廃帝溥儀（ふぎ）を連れ出すなどの謀略活動で知られた。

その土肥原の捜査段階での供述調書の内容を裏付けることを目的に、検察官は新聞記事や日記などを次々、証拠として提出した。中国や満州での日本軍の犯罪行為やそのための共同謀議を裏付けることが狙いだが、満州事変段階の主な立証は、裁判が始まったばかりの前年の早い段階に終わっており、補充のための追加資料という性格のものであった。

さらに板垣征四郎、南次郎、梅津美治郎ら満州や中国での軍事行動や謀略に関わりの深かった被告人についての様々な資料を、検察官は証拠として法廷に持ち出し読み上げた。

陸軍大臣などを歴任した板垣は関東軍高級参謀として満州事変や満州国建国に深く関わり、土肥原とともに絞首刑になる。南は満州事変勃発時の陸軍大臣で関東軍司令官もつとめた。敗戦時の参謀総長としてミズーリ号上で降伏文書に調印した梅津は、支那駐屯軍司令官、関東軍司令官を歴任していた。南と梅津はともに終身禁錮の判決を受ける。

満州事変経費勘定

正午に昼休みに入ると、午後の法廷は一時三三分に再開した。

タベナーは立ち上がり弁論を始めると、一通の文書を取り出した。

「満州事変経費勘定から多額の機密資金が、被告の東条および梅津に渡されていたことを示すものであります。その文書を証拠として提出いたします」

日米開戦時の首相東条英機は、関東軍で司令官に次ぐポストであった参謀長を一九三七年三月から翌年五月までつとめていた。

ウィリアム・ウェッブ裁判長は事務的に対応した。

「通例の条件付きで受理いたします」

すかさず書記官が追随した。

「法廷証二二〇九号といたします」

検察側提出の証拠は最終的に二二八二点にのぼるが、その中の二二〇九番目であった。

提出された証拠に弁護側が異議を唱えることは珍しいことではなく、この文書にはアルフレッド・ブルックス弁護人がかみついた。

「異議を申し立てます。この文書だけでは証拠価値はありません。また文書の題の翻訳について調査してもらいたい。

機密費が諜報機関の費用というふうに訳されておりますが、これは間違いです。機密費とは、その使途を報告する必要のない費用項目であり、アメリカの参謀将校の費用に似たものであります。機密費があったというだけでは、何の証拠価値もありません」

ブルックスが調査を求めたのは〈機密費〉という日本語を意味する英語のことである。〈機密費〉とは〈使途が秘密〉にすぎないものなのに、訳語として〈secret funds〉や〈secret service funds〉が当てられている。それでは〈秘密活動の資金〉や〈秘密機関の資金〉の意味になってしまうとの主張であった。そのほかＩＰＳ内の文書では〈secret war funds〉という用例も散見される。それぞれの文字列からは検察官の思いがにじむのだが、いずれも指しているのは日本語の〈機密費〉である。

裁判はＩＢＭの装置を使い日本語と英語を同時通訳でつないでいた。通訳が言葉の意味を取り違えたり、文脈を見失ったりすることに備えモニターという役職を設けていた。

ブルックスの発言が通訳されると、モニターがすかさず補足した。

「機密費というのは、いろいろの交際や接待というような機会に使用されたものであります」

モニターには、日系二世の中でも〈キベイ〉と呼ばれた人たちが中心に起用されていた。親の祖国日本に送られ教育を受けた後に、生まれた祖国アメリカに戻った〈帰米〉の人たちで、双方の言葉に堪能なだけでなく、日本の習慣や事情にも通じていた。

発言席の前にある赤い電球が点くと、モニターが介入する意思を示したもので、発言を中断するのが法廷での決まりだった。東条の後任の首相をつとめた小磯国昭の弁護人であるブルックスは、その電球が消えるのを待って発言を再開した。

「この文書には、被告人小磯の名前は出ておりません」

この異議に、ウェッブ裁判長はつとめて事務的に応じた。

「この書類は他の書類と同様、いかなる証拠価値があるにせよ、その価値を将来決定するものとして、既に受理されておるのであります。これを只今さらに拒絶する、この書類を却下するという理由は何らございません。将来におきまして、この証拠書類の証拠価値を考慮いたします場合に、ただいま弁護人の申し立てられました事項を、さらに考えます」

裁判長席の赤い電球が点き、モニターが通訳の一部を訂正した。

「その証拠力如何は、それを考慮する場合に、裁判所の決定を与えます」

受理はするが、証拠として採用するかどうかを決めるのはまた別の機会であるとの意味である。

ウェッブ裁判長が続けた。

「語学上の問題は、これを言語裁定官に引き渡しまして、その裁決をまちます。さらにただいまブルックス大尉が言われました被告小磯に関する点は、われわれは考慮に入れます」

タベナー検察官が問題となった文書を示しながら、弁論を再開した。

「これは数人の官吏によって、署名された許可、認可、あるいは受取書のように見受けられます。私はその題、およびこの文書に署名している被告の名前を朗読するに止めます。

〈満州事件費機密費交付の件、昭和一三年第四一三号〉

それから署名の所に梅津次官の印が捺してあります。
第三ページを朗読します。
〈臨時陸軍東京経理部長宛達案陸満密
満州事件費機密費左記の通り支出の上交付すべし
関東軍参謀長　東条英機宛　七〇万円
陸軍次官　梅津美治郎宛　七万七八〇〇円
陸満密第一三四号　昭和一三年四月六日〉」
読み上げが終るのを待って、ウェッブ裁判長が検察官に問いかけた。
「この文書の提出は、どういう意味合いのものでありますか。
われわれは満州に日本の軍隊が駐屯しておるということは知っております。ましてその費用というものが、日本の軍事予算が、関連しているということも私たちは理解しているのであります。
そして関東軍の首脳者が誰であったか、われわれは知っております。いかなる費用であろうとも、これらの首脳者を通じて支払われるということはわかり切った話ではありませんか。
それ以上の意味があるのですか、この文書に」
タベナーは釈明する。
「もちろんそれ以上のものがあるということを期待しております。ただいま裁判長が言われました意味以上に、この文書に意味がないと思っておりましたならば、わざわざ翻訳し、配付する手続きはとらなかったでありましょう」

歯切れが悪い。予期しない問いだったのだろう。

「これらは普通の軍事費ではなかったようであります。しかし今後提出されるべき証拠がこの点をどこまで解明して行くかは予測しえないことでありまして、私はそれについて何ら申し上げることはできません」

説得力に欠けるが、タベナーはさらに一通の文書を証拠として提出した。

「被告人小磯に対してなされた金銭支払いに関する同様の記録であります」

ブルックス弁護人がまた立ち上がり意見を述べた。

「この文書についても同じ異議を申し立てます。そしてこの機密費という言葉の訳について調べていただくことを要請いたします。また検察側の注意を次の事実に対して喚起いたします。陸軍省内において、かかる費用が接待とか、その筋の宴会とか、そういう費用に当てられたということは、ほかの文書によって、それを得ることができるのであります」

ウィリアム・ローガン弁護人が二の矢を継いだ。内大臣だった侯爵木戸幸一の弁護人である。

「タベナー検察官の裁判所に対する返答からすると、これらの文書は何ら証拠価値がないことが明らかです。単に推測的なものでありまして、前の文書は記録から削除し、ただ今の文書は受諾しないようにお願いしたいのであります」

この異議の申し立てをウェッブ裁判長は却下し、「書類は通例の条件付きで受理します。私は先ほどタベナー検察官に質問したところ、それに対する返答は文書を却下するほどではありませんでした」とその理由を述べた。

書記官が「法廷証二二一〇号といたします」と宣すると、タベナーがその文書を読み上げた。

「満州事件費機密費左記の通り支出の上交付すべし

陸満密第五四一号　昭和七年七月四日

陸軍次官　小磯国昭宛　二万円」

続けてタベナーは一通の文書を申請すると、弁護側が同じように異議を申し立て、レコードをかけたようにウェッブ裁判長が却下。法廷証二二一一号となった文書をタベナーが読み上げた。

「満州事件費機密費左記の通り支出の上交付すべし

陸軍次官　小磯国昭宛　一万八五〇〇円」

同じ手順でさらに二点が証拠として受理され、それをタベナーが朗読した。

「満州事件費機密費左記の通り支出の上交付すべし

陸軍次官　梅津美治郎宛　一五万八三〇〇円

陸満密第八五号　昭和一三年三月八日」

「満州事件費機密費左記の通り支出の上交付すべし

昭和八年一二月二七日

関東軍参謀長　小磯国昭宛　一九七万円」

それぞれ二二一二号、二二一三号という証拠番号が与えられた。

実態を解明してほしいとタベナーがエドワーズに託した資料とは、この時、法廷に証拠として提出した五点の文書であり、陸軍省の東京経理部長か経理局主計課長から、陸軍次官、あるいは関東軍参課長に対する機密費の支出記録であった。

訳語をめぐり裁判長が判断を委ねた言語裁定官は数日後に、〈機密費〉の訳語に〈シークレット・ファンド〉を当てることを認める決定をしている。「この文書の〈機密費〉は〈満州事変会計の機密費〉との意味に解釈する」との決定であった。〈機密費〉の訳語として〈シークレット・ファンド〉は適切でないとの弁護側の異議の主張は、「何が〈機密〉なのか」というこの資金の性格を問うものだった。その問いかけに答えたとはいえない決定だったが、検察側には不都合のないもので、〈機密費＝シークレット・ファンド〉として使うことが公的に認められた。

エドワーズに命じた捜査の狙いが、「これらは普通の軍事費ではなかったようであります」とのタベナーの法廷での苦しい弁明を裏付けることにあったことが透けて見えてくる。

裁判長の素朴な問いかけに対するタベナーの釈明は、要領を得ないものであり、その原因が準備不足にあったことは疑いようもないが、そもそもこの記録はＩＰＳが見つけ出したものではなかった。日本各地の都市や軍事施設に対して行った爆撃の効果や影響などを明らかにするためにアメリカ陸海軍が派遣した戦略爆撃調査団が多くの資料を押収し、ワシントンに持ち帰り調べていた。その中から、裁判で役に立ちそうなものをＩＰＳに送っていた。この五点もそのルートで東京に戻ってきたものだったのである。

節目の休廷

裁判の進行状況も、タベナーが機密費の捜査を命じた要因の一つとして見えてきた。

東京裁判はこの時期、大きな節目を迎えていた。

東条英機ら二八人を被告とした裁判は、前年一九四六年の五月三日に幕を開け、それ以来延々と展開されてきた検察側の立証が一月二四日に終了した。問題の五点の機密費の記録が提出されたのはその三日前のことであり、検察側が立証作業の終了間際に駆け込みで持ち出したものだった。

検察側が立証の終了を宣言すると、弁護側はすかさず公訴棄却の動議を提出した。検察側の有罪証明は不十分であると主張するもので、公訴の棄却と被告人の即時釈放を求めるものだった。

弁護側が提出した動議を裁判所は二月三日に棄却し、弁護側の反証を二月二四日に始めると日時を指定し、それまで三週間の休廷を宣言した。

冷房装置の不調のため前年七月に一〇日間休廷したことはあったが、その後は、年末年始も元日に休んだだけで、週末を除けばほぼ無休のペースで裁判は進められていた。

エドワーズが機密費の捜査を命じられたのは、裁判の当事者たちが久しぶりにまとまった時間を手にした、その休廷のつかの間のことであった。

ナチスによる戦争犯罪を裁くために一足早くドイツで始まったニュルンベルク国際軍事裁判は、すでに主要被告への判決を一九四六年一〇月に言い渡していた。一二人に絞首刑、三人に終身刑、四人に二〇年から一〇年の禁錮刑、そして三人が無罪というもので、刑は日を置かず執行されていた。

ドイツでの判決を見れば、東京での裁判の行方も見通しが立ったのでは、とも思えるのだが、立証という大きな山を越えたＩＰＳに安堵の様子はうかがえない。それどころか、漂うのは攻守所を変えることになる裁判の次の段階を前にした緊張感である。

ニュルンベルクでの裁判に比べ進行が遅いとの批判もあった。地上戦の末に征圧したドイツでは政府やナチスの公文書をそっくり押収できたのに対して、降伏から占領まで時間のあった日本では、文書や記録が組織的に焼却、破棄されていた。証拠集めの環境がドイツとは相当に違っていた。いきおいＩＰＳの捜査は検察官による尋問頼みになったが、そこには言葉や習慣の壁が大きく立ちはだかっていた。

ＩＰＳは正念場を迎えていたのだが、そこに指揮官であるジョセフ・キーナンの姿はなかった。首都ワシントンで弁護士をしていたキーナンは、かつて司法省でギャング撲滅に豪腕を振るったという経歴を買われ首席検察官に起用されたのだが、「職務代理をタベナーに任せるので、弁護側の反証や反対尋問など今後の準備はタベナーと速やかにかつ直接に相談するように」とのメッセージを残し、前年の暮れにアメリカに帰国してしまい、いつ東京に戻るのかさえ判然としないままだった。

トップ不在のＩＰＳにあって、タベナーは弁護側の反証に備える責任者の立場にあった。

裁判長が三週間の休廷を宣言した翌二月四日、タベナーは検察官を集めて会議を開き、弁護側の反証段階における役割分担として、①法廷での弁論担当、②法廷での弁論担当に素材を提供する準備担当、③最終弁論の準備担当、④反対尋問の準備担当という四つの担当を設けた。

このうちタベナーは②を直接指揮することにし、その中に、資料の読み込み班と反論準備班の二つの班を設けた。エドワーズを反論準備班の共同責任者に任命し、法廷での弁護側の主張に反論するために必要な材料の収集と、弁護側証人の調査と反対尋問の素材集めを任務として与えた。そのほかにエドワーズは板垣征四郎、木村兵太郎、武藤章の三被告の担当を命じられた。ロペス少佐、ロビンソン大尉との共同作業で、その中でエドワーズは板垣についての責任者に任じられた。機密費の捜査は、それに加えての任務ということであった。

機密費の捜査をエドワーズに命じたのと同じ二月一三日に、タベナーは他の幾人かの検察官にも特別研究の課題を与えている。ロペス検察官には、被告人が日本とドイツから受けた勲章や表彰を調べるようにと指示した。イングリッシュ検察官には、重要な政策を決定した閣議や連絡会議、枢密院、御前会議などでの被告人の発言や役割を明らかにするようにと命じている。ワシントンへの出張を予定していた検察官には出発を延期してほしいともタベナーは要請している。反対尋問や反論に使うための追加の証拠を準備したいので、資料の点検をしてほしいとの懇請であった。

責任を負わされたタベナーだったが、職務権限は不明確だった。ワシントンから戻らない首席検察官キーナンから「すべての権限を委任する」との電報が届いたのは、弁護側の反証が始まった翌日の二月二五日になってのことである。こなさなくてはいけない課題や、解消しなくてはいけない不安の種がタベナーには山積していた。法廷で説明できなかった機密費の記録も、気になる不安材料の一つだったのだろう。

ともかく、こうした経緯と事情を背負い、タベナーは機密費の実態解明を思い立ち、エドワーズに捜査を命じていたのであった。

見えてきた構図

内閣書記官長・遠藤柳作

二人の代議士を調べた翌日の三月二六日、エドワーズの前に座ったのは内務官僚出身の遠藤柳作（りゅうさく）であった。

神奈川、愛知の知事、満州国総務長官を経て貴族院議員となった遠藤は、一九三九年に阿部信行内閣が発足すると内閣書記官長に起用された。今日の内閣官房長官の前身といえる役職だが、官僚機構のトップという位置づけで閣僚ではなかった。

尋問は午前一〇時一五分に始まった。たどってみよう。

「あなたが満州国の総務長官だった時期、関東軍の参謀長は誰でしたか」

「最初は小磯将軍で、その後は西尾（寿造）将軍だった」

小磯将軍とはこれまで何度も登場した小磯国昭である。

「遠藤さん、満州国総務長官の役割を説明して下さい」

「満州国国務総理の下で、日本の職制なら書記官長に相当するポストです」

「参謀長の小磯とはどのぐらいの頻度で会っていましたか」

「関東軍の菱刈(ひしかり)(隆(たか))司令官と小磯参謀長とは絶え間なく会っていた。私の一番の職務は、満州国政府を育て上げ独立国家とすることだったが、同時に関東軍との連絡役もしていた」

「遠藤さん、阿部内閣での書記官長の職務とはどのようなものだったかを説明して下さい」

「書記官長になって間もなく、ヨーロッパで戦争が始まると、ヨーロッパ戦争に中立を保つという宣言を私は作った。支那事変をできるだけ早く終結させるのが阿部内閣の目的だったが、国内事情のために四カ月で内閣が倒れてしまい、目的を果たせなかった」

「あなたは私の質問を誤解しているようです、遠藤さん。阿部内閣の目的についてとか、あなたが書記官長として何をしたかといった点に関心はありません。私が知りたいのは書記官長の仕事とはどのようなものかです」

エドワーズは苛立ちを隠せない。言葉にとげがある。

「書記官長の第一の職務は様々な省庁との密接な連絡を維持することです」

「第一の職務は様々な省庁との緊密な連絡を維持することにあったとあなたは言われましたが、その中には陸軍省も含むと考えますが、それでいいですか」

「結構です」

「それでは遠藤さん、あなたが阿部内閣の書記官長だった時、機密費についてどんなことを知りましたか」

「どの内閣にも機密費はあるものだ」

「阿部内閣は、その機密費をどのように調達しましたか」

「平沼内閣の書記官長だった太田耕造さんから機密費を引き継いだ」

「受け取った金額は」

「一〇〇万円ほどだった」

「引き継ぎはどのように行われましたか」

「太田さんが私にその金を手渡し、その事実を私は阿部首相に報告した」

「遠藤さん、書記官長としてあなたが引き継いだ機密費ですが、どのような目的に使われるものだと考えていましたか」

「通常の環境では、政治的な目的に使われる。慈善団体が日常的に寄付を求めて訪ねてくるが、それには機密費が使われる。この金は簡単に言えば、公になると厄介なものだ」

「公になると厄介なもの、とはどのような意味ですか」

「金を受け取っていることを公に知られるのは好ましいことではないし、団体の名誉も守れない。支那事変が続いていたので、世論をまとめることが必要でいくらかの資金を使い、それは機密費から支出した。この金は日本政府に特有なものかもしれないので、いくらか詳しく説明したいのだが」

「うかがいましょう」

遠藤が語り出したのは〈日本社会における機密費とは〉であった。

「機密費は政府機関だけではなくて、たいがいの大企業にもあるのです。内閣、陸軍省、海軍省、内務省も、地方では県知事も機密費を持っている。日本では、機密費は説明してはいけないものとされてきた。この仕組みがいいとは個人的には思っていない。この金があるために、沢山の団体が〈少しくれ〉とやってくる。機密費の額は毎年増え、巨額になり、どの内閣も頭を痛めていたのです」

「遠藤さん、お尋ねしたい。あなたが書記官長だった間に、内閣機密費はどのぐらいありましたか」

阿部内閣は四カ月半の短命に終わっている。

「私が受け取ったのは一〇〇万円で、その額でやりくりを計画した」

「一〇〇万円に追加して受け取った機密費はありませんか」

「いや、それだけだ」

「あなたの前任者の太田さんが、その機密費をどこから手に入れたか知っていますか」

「太田さんは言った。〈機密費として一〇〇万円あるので渡します〉、と。どこから手に入れたかとは尋ねなかった。ただ、〈機密費が不足したら、大蔵省に話をするとどうにかしてくれる〉と聞いた。どこから持ってくるのだろうと驚いたが、特別な作業をする人がいるのだろうと思った」

「あなたが満州国の総務長官だった一九三三年から一九三五年の間、参謀長の小磯は、あなたに機密費の便宜を図りましたか」

「そのようなことはなかった」

「遠藤さん、一九三三年一二月に、あなたは満州国総務長官でしたね」

「はい」

「この文書を見てもらいたい。一九三三年一二月二七日に、関東軍参謀長に機密費が支払われたことを示すものではありませんか」

すでに何度も登場したタベナーが証拠として法廷に提出した支出記録の一枚であった。

「その通りだが」

「関東軍参謀長への一九七万円の支出を示すものであることをお分かりでしょうか」

「明白だ」

「どのような目的で、そのような金額の機密費が関東軍参謀長に支払われたのですか」

「私には分からない。このようなものはこれまで見たことがない」

「関東軍と密接な関係で仕事をしていたのですから、遠藤さん、関東軍参謀長がそのような金額の機密費を何の目的で持っていたと思いますか」

「この文書を見たのは初めてだが、機密費がどこへ流れたのかは、経験から推測できる。小磯自身がこの金を使ったのではないだろう。関東軍の様々な部隊の司令官に配分されたものだろう」

「遠藤さん。満州における関東軍の機密費の使途ですが、それは宣伝費ですか」

「私には分からない」

「それでは賄賂ですか」

「そのようなことは聞いたことがない」

「遠藤さん、あなたは一九三三年一二月二七日には満州国の総務長官だった。同じ場所には関東軍がいて、そしてあなたはとても緊密に関東軍参謀長と仕事をしていた。説明していただきたい。これほどの金額を、あなたに気づかれないで小磯が受け取ることが可能だったのは、なぜなのですか」

「これは陸軍省の案件だ。日本の陸軍と海軍は、外部の者には決して軍事のことを話さない。私は緊密に関東軍参謀長と連絡をとっていたが、それは満州国政府に関係する案件についてだけだった」

「機密費はそうした案件に関連して使われたのではないですか」

「その件について私は何も知らない。機密費のことを軍の人間から聞いたことは一度もなかった」

「軍から金をもらったことはありますか。機密費と識別できるかどうかは別として」

「総務長官に指名された時、満州国の要人への贈り物を買うようにと柳川平助陸軍次官がいくらかの金をくれた。今になって考えると、機密費から出ていたのだろう」

「遠藤さん、もう一度この文書をご覧下さい。この文字はどういう意味ですか」

「それは〈陸満密〉。陸軍の満州における秘密という意味だと思う」

「〈シークレット・マンチュリアン・ファンド〉という意味ではありませんか」

「二列目に書かれているが、機密費、満州事変の機密費だ」

「〈シークレット・マンチュリアン・ファンド〉があった事実をあなたは知っていましたか」

「日本の役所の慣習からして、そうした金が存在するだろうとは思う」

「それではこちらの用紙の日本語を見て下さい。どういう意味ですか」

「支那事変費」「臨時軍事費」

「二つは同じ意味ですか」

「私には定かな意味は分からない」

「遠藤さん、あなたは一九三六年には貴族院議員でしたね」

「はい」

「遠藤さん、あなたは一九四四年七月から戦争が終わるまで、朝鮮総督府政務総監をされましたね」

「はい」

「あなたの本部はソウルにあり、陸軍の本部もソウルにありましたね」

「はい」

「あなたが公職にいる時、あなたは機密費を自分で使えるようにしたことはありましたか」

「朝鮮総督府にも機密費はあった」

「どのような目的に使われたのですか」

「二種類あった。一つは政治的な目的で、もう一つは治安維持の警察のためのものだった」

「政治目的とは、どのような意味ですか」

「団体への寄付、接待、貧しい人々への寄付。多くは様々な会合での接待費に使われた」

「団体への寄付は、日本政府や軍の目的に同調する政治的な雰囲気を保つためのものでしたか」

「いや、例えば、農業団体が五〇〇円不足している場合、政府がその額を寄付した」

「政治団体にはどうだったのか、答えて下さい」

「朝鮮には、そんな政治団体はなかった。だから政治団体に寄付をする必要はなかった」

「私が尋ねたいのは、日本の機密費についてあなたが知っていることです。政治キャンペーンを後押しする、あるいは誰かを政治的な立場から追い出すためといった目的です」

「思想団体が内閣にやってきて、寄付を求めると、金を与えた。政治団体にも与えた。国論を統一するとか、似たような目的で政党が金を要求してきた時も、内閣が金を与えた」

「遠藤さん、どの政党に寄付をするという区別はあったのですか」

「それまでの実績で政党には金を出した。前の内閣でもらっていれば、次の内閣でもだいたい与えた。その他の団体が金を求めてくると、正当と判断すれば、金を出した」

「金を出すときに、適、不適と判断する基準は何でしたか」

「要求の種類によってだった。その団体が国に対して、あるいは内閣に対して役に立つと考えた時には、より多くの金額を与えた」

「その金が選挙の候補のために使われたことはありますか」

「私の時に選挙はなかった」

「誰か国会議員が、選挙のために金を受け取ったことを知っていますか」

「候補が政府から直接金を受け取ったことはないと思う」

「衆議院選挙の候補者が五〇〇〇円を受け取ったことを知っていますか」

「事例は知らないが、ありえるだろう」

「機密費がそのように使われたことを聞いたことはありますか」

「選挙になるといつでも、内閣や軍とつながりのある人は噂の標的になるものだ」

尋問は実りの乏しいまま午後四時五〇分に終了した。

補充可能——田辺治通

翌二七日にも書記官長経験者が呼び出された。

阿部信行内閣に先立つ平沼騏一郎(きいちろう)内閣の田辺治通(はるみち)で逓信官僚の出身だ。前日尋問した遠藤柳作が機密費を引き継いだ平沼内閣の書記官長は太田耕造だった。内閣発足当初に書記官長だった田辺が途中で逓信大臣に転じ、太田がその後任になったためで、田辺の書記官長在任は三カ月ほどだった。

この田辺の尋問調書がＩＰＳの資料の中に見あたらない。刊行された資料集にも、国立国会図書館憲政資料室のマイクロフィルムにも、アメリカのデジタル・アーカイブズでも見つからなかった。残っていたのは田辺の調書の概要を説明するメモで、エドワーズが一九四七年八月に作ったものだ。

そこにはこう記されている。

「田辺は平沼内閣の書記官長をつとめた。被告人板垣が陸軍大臣をした内閣である。第一次近衛内閣書記官長の風見（かざみ）章（あきら）からは、総額五三〇万円の機密費を引き継いだ。書記官長室の金庫には、三〇万円が現金で入っていた。残りの五〇〇万円はいくつかの銀行口座に預金されていた。そうした金額の受け取りとして、前任者の名刺に田辺は印を捺しただけだったと話した。秘密の連絡と雑支出に一七万円使ったと田辺は語った。雑支出とはどのような意味かと問うと、かなりの部分は、内閣への好意を持ってもらうために、新聞記者などへの心づけだったと説明した。賄賂ではなく、好意を得るための助成のようなものと考えていた」

前日尋問した遠藤が引き継いだ機密費を一〇〇万円と語ったのとは、相当に額が違うが、そこにはからくりがあった。

「執務室の金庫の中の三〇万円が減ってしまった。〈補充が必要になった時には大蔵大臣に連絡しろ〉と前任者から引き継ぎを受けていた。そこで田辺は一九三九年二月、大蔵大臣の石渡荘太郎に連絡をした。すると、引き出せる預金が内閣には五〇〇万円あるので、陸軍大臣に相談したらいいと教えてくれた。陸軍次官に連絡をすると、陸軍大臣の機密費が五〇〇万円あるので、必要なら引き出すことができるとの返事だった。田辺が五〇万円を要望すると、内閣書記官長室に現金で運び込まれた。この大金を入手する作業で田辺がした手続きは、印鑑を一つ捺すことだけだった」

〈不足したら大蔵大臣に〉という引き継ぎを田辺は実行していたのだ。大蔵省が捻出するのだろうと遠藤は思い描いていたが、そうではなく、その金は陸軍省にプールされていたのだ。

「その業務の処理を通して、五〇〇万円はもともと内閣の機密費だったのだと知ったと田辺は証言した。陸軍大臣に相談するようにと大蔵大臣に言われたことに驚き、その捻出先が軍事機密費であることを知り、さらに驚いたと語った」とエドワーズは記している。

臨時軍事費——調達のからくり

二人の書記官長の尋問を通して、権力の中枢、首相の機密費をめぐる実態が浮かび上がってきた。陸海軍の予算から流用し機密費を調達していたのだ。

そのようなことがなぜ可能だったのだろう。

からくりは戦前の予算の仕組みにあった。戦前の軍事予算には平時と戦時の二種類があった。毎年の政府の予算に盛り込まれるのが平時の〈軍事費〉であり、通常の部隊の維持や武器の整備、徴兵業務などに使った。戦争になると、それに加えて作戦活動のための〈戦費〉が必要となる。

〈戦費〉の調達には二つの方法があった。戦争の規模がさほどでなければ、一般会計の〈臨時事件費〉として扱った。山東出兵や満州事変はそうして賄った。大規模な戦争になると、〈臨時軍事費特別会計〉が設けられた。日清戦争に始まり日露戦争、第一次世界大戦・シベリア出兵、日中戦争・太平洋戦争と四つの特別会計を大日本帝国は運用している。戦争が始まってから終わるまでを一つの会計年度と見なすのがこの特別会計の特徴で、その間は何度でも予算を追加し、戦争が終わってから初めて決算をする仕組みだった。

日中戦争（支那事変）の戦費は当初、〈北支事件費〉とし一般会計に計上したが、盧溝橋事件から二カ月後に特別会計が設けられ、そのまま米英との戦争でも継続して運用された。この特別会計は敗戦に至るまで八年間にわたり、その間に予算が一二回追加されている。

この〈臨時軍事費特別会計〉と一般会計の〈臨時事件費〉の総称が〈臨時軍事費〉ということになる。戦争が終わっても事後処理に時間と経費が必要だとして、臨時軍事費はすぐにはゼロにならなかった。そのため一八九四年の日清戦争から一九四五年の敗戦に至るまで、帝国政府の予算に臨時軍事費のない年はなかった。厳密に言えば、山東出兵の臨時軍事費は一九三一年三月で終わっており、その年の九月に満州事変が勃発するまでは存在しなかった。財政面から見ると、日清戦争から一九四五年までの半世紀余の間、日本が戦争状態になかったのはわずか五カ月間にすぎなかった。見方を変えれば、日清戦争以来四二年間続いていた〈戦費〉が途切れた空白で企図され勃発したのが満州事変であった。軍の予算がぎりぎりまで削り込まれていたことは先に示した。軍人にとっては息の詰まるような閉塞状態において作り出された危機、それが満州事変であった。たちまち戦費が充当され、自由に使える金が軍には溢れた。そうした状況は敗戦を迎えるまで止むことなく続いたのだ。

〈シークレット・マンチュリアン・ファンド〉とタベナーもエドワーズも記しているが、これは満州事変のために一般会計に計上された臨時軍事費〈満州事件費〉（一九三一―四一年）に含まれた機密費を指すものと考えることができる。その後は、日中戦争・太平洋戦争の特別会計（一九三七―四六年）へと引き継がれることになる。

機密費は国会の審議を必要としなかったと田中隆吉はエドワーズに説明していたが、特別会計でも一般会計でも臨時軍事費の予算案は一応、国会に提出された。とはいえ示されるのは「臨時軍事費」という款と、その下にある「軍事費」と「予備費」という二つの項の総額だけだった。

戦争がどのように展開するのかは予測できない。そのために予算の使途を事前に決めることはできないという建前のもと、臨時軍事費は総額という大きな塊として国会で承認し、それを具体的にどう使うかは軍の裁量に任されていたのであった。国会での審議はほんの数日で終わるのが常だった。それもたいがいは秘密会で、軍から示されるのは新しい作戦や兵器の構想といったものに過ぎなかった。

軍の機密費を内閣が流用することを可能にした背景には、そうした臨時軍事費の仕組みがあった。満州事変が始まると臨時軍事費が計上され、日中間の戦争が泥沼化するに従いその額は膨れあがった。使途を明示する必要のない万能の財布であり、そこから機密費をひねり出し、そのおこぼれを政治の中枢に環流させるシステムが作られていた構図が見えてくる。

一九三〇年代の貨幣価値

ここでもうひとつ検討したいのは、機密費の規模である。

貨幣価値が大きく変動しているため、調書に登場する当時の金額にどうも現実感が伴わない。今日ならどのぐらいの貨幣価値に相当するのだろう。

長期にわたる物価変動を知る指標としては日本銀行が「戦前基準総合卸売物価指数」をまとめている。一九三四―三六年を一としたもので、二〇〇五年が六六五であり、その後の日本はデフレ状態が続いているので、今日まであまり変化していないと考えていいだろう。

だが当時と今日とを比較すると、郵便葉書は二五〇〇倍、山手線の初乗り運賃は二六〇〇倍になっている。当時の東京の物価を見ると、日本橋の天ぷら屋で並の天丼が四〇銭で、浅草の喫茶店のコーヒーが一五銭、巡査の初任給が四五円である。東京で現在、天丼を二六〇円で味わうことはできないし、一〇〇円では喫茶店でコーヒーを出してもらえない。この日銀の指数は生活の実感にそぐわない。

そこで総務省統計局がまとめた「戦前基準五大費目指数」(東京都区部)をもとに考えることにする。こちらも一九三四―三六年を一としており、二〇一三年の指数は一七五一・〇である。天丼が八七五円、コーヒーが二六〇円、巡査の初任給は八万円弱と見ることになる。いくらか安めの感じもするが、日銀の指数に比べれば納得できる。ただこの指数は戦前と戦後を比較するためのものであり、戦前の年ごとの変動は知ることができないので、その部分は日銀の指数を用い補いたい。

関東軍参謀長の小磯が機密費を受け取った一九三三年の場合、統計局の指数によると、一九三四―三六年の一円は現在の一七五一円に相当する。さらに一九三三年は日銀の指数では〇・九五一である。二つの指数を掛け合わせ一九三三年の一円は現在の一八四一・二円相当と考えるわけである。

一九三三年に小磯が受け取った一九七万円は今日なら三六億円前後の価値になる。それを年に四回受け取っていたのだから関東軍の機密費は年間一四〇億円ぐらいだったと考えることができる。

〈巨大軍事組織〉とのイメージがある関東軍だが、元来は日露戦争で獲得した鉄道など満州の権益を守ることを目的に設置されたもので、満州事変の前までは、独立守備隊に加えて日本や朝鮮から交代で派遣される一個師団が主力で一万人強の兵力だった。満州事変を契機に増強されてはいたが、小磯が参謀長をつとめた時期は三個師団に機械化旅団などが加わり五万人程度の規模で推移していた。

満州事変勃発の前年一九三〇年度の決算を見ると、陸軍の歳出総額は二億一〇〇万円である。内訳は演習費が八〇〇万円、庁費修繕費が七〇〇万円、俸給の総額が六一〇〇万円などである。一九三三年の関東軍の機密費七八八万円は突出した金額といえるだろう。

押収しアメリカに持ち帰った記録を戦略爆撃調査団が東京に送ってきたのも、IPSのまとめ役であるタベナーが目をとめたのも、東条や小磯といった名前に加えて、この機密費の規模であったはずだ。通常の経費だとは思えないのは道理である。

これまで登場したほかの金額も今日の貨幣価値に置き換えてみよう。

陸軍大臣の荒木貞夫の要求で関東軍参謀長の小磯が東京に送ったと田中隆吉が証言した一〇〇万円は、今日なら一七億―一八億円程度になる。相当に使いでがありそうだ。

阿部内閣の書記官長だった遠藤柳作が語った一〇〇万円は一三億円程度で、平沼内閣の書記官長だった田辺治通が陸軍にプールされていたと証言した五〇〇万円は六三億円ぐらいに相当する。

田中隆吉が衆議院議員の小山亮に渡したと主張する三〇〇〇円は今日なら三〇〇万円程度。翼賛選挙で候補に配ったという五〇〇〇円は今日なら四〇〇万円ぐらいのようで、五〇〇人に配ったとすると総額は二五〇〇万円で、今日の二〇億円程度と見ることができそうだ。

陸軍次官の柴山兼四郎が陸軍の機密費総額だとして語った一億円は、インフレが進んだ戦争末期のことであり換算が難しいが、現在なら五〇〇億―七〇〇億円ぐらいになる。何に使ったのだろうと素朴に疑問を覚える巨額さである。

松村秀逸が明らかにした陸軍省新聞班の「月に一五〇〇円から二〇〇〇円ぐらい」の機密費は現在ならざっと二〇〇万円ぐらいで、情報局第二部長心得に昇進した松村が一九四二年に受け取った月額二〇〇〇円の機密費は一二〇万円ぐらいと考えることができる。

政府から同盟通信へと流れた一九四〇年の三九六万円は四〇億円近い価値がありそうだ。

こうして見ると、尋問に登場した金額に現実感を伴ってくる。

内務省警保局長・今松治郎

日本が破滅への道をたどる過程で、軍や政治の動きを左右したであろう巨額の資金の存在と、その調達の仕組みが浮かび上がってきた。

だがタベナーが命じたのは流用の仕組みの解明ではなかった。

機密費が戦争犯罪に関わりどう使われたのか、被告たちが戦争のためにそれをどう悪用していたのかを明らかにすることなのだが、これまでの尋問ではその肝心な領域が視野に入ってこない。

突破口とエドワーズが睨んだのは一九四二年の翼賛選挙だった。その選挙当時に内務省警保局長、今日なら警察庁長官に相当する役職にいた今松治郎（いままつじろう）を、エドワーズは四月一日に尋問した。

「選挙の時に候補者などに渡す資金を扱っていた。選挙の直後に、内務大臣の湯沢三千男とけんかになった。選挙で残った金を今松が着服したと湯沢が考えたのが原因だ」と田中隆吉は伝えていた。内務官僚の今松は北海道土木部長、和歌山県知事などを経て、東条内閣が誕生した一九四一年一〇月に内務省警保局長に起用されたが、翌年六月に更迭されている。

田中の描いたシナリオなのだろうが、エドワーズの問いかけはかなり具体的に始まっている。

「一九四二年六月に警保局長を辞任したのはなぜですか」

「辞めるようにと大臣に求められたからだ」

「大臣とは湯沢三千男ですか」

「そうだ」

立ち上がりから、今松はかなり不機嫌、けんか腰である。

東条内閣では当初、東条が内務大臣も兼務し、次官に内務官僚出身で次官経験者の湯沢を起用した。一二月に戦争が始まり、太平洋戦線での緒戦の快進撃で治安面の懸念が払拭されたと見ると東条は一九四二年二月に内務大臣を辞職し、そのポストに湯沢を昇格させた。

「今松さん、一九四二年四月から五月ごろ、あなたは大臣の湯沢と、かなり激しい言い争いをしたのではありませんか」

「彼は配下に私を置きたくなかった。それだけのことだ」

「何を根拠にそう考えるのですか」

「警保局長は大臣と同時に辞任するのが慣例で、単独では辞めないものだが、彼は私に辞任を迫り、別の人間をその職に就けた。私に信を置いていなかったのだろう」

「陸軍の軍務局長とはどのぐらい一緒に仕事をしましたか」

「治安維持に限ったことで、私のしたのは国の状態を知らせることだけだった」

「一九四二年四月に行われた総選挙の前に、選挙のことで被告人の武藤章と話をしましたか」

「武藤は選挙の前に異動になった。私の仕事で選挙に関わるのは、選挙の統制であり、それは買収などで、陸軍は関係がなかった」

今松の記憶はきわめて正確である。総選挙の投票は四月三〇日で、それに先立つ四月二〇日付で武藤は近衛師団長に転じている。花形部隊ではあったが、当時は南方のスマトラに展開しており、東条による体のいい左遷であった。開戦に至る局面で重要な役割を果たしたとされる武藤が陸軍の中枢に戻ることはその後二度となく、敗戦はフィリピンの山中で迎えている。

「あなたとあなたの部下たちは、買収の防止に関心があったのですね」

「買収した者を法廷に引き出すことが私の仕事だった。買収を防ぐことも重要な仕事だった」

「その時の総選挙で、買収ではどんなことがありましたか」

「買収を防ぐことにはとても気を配ったので、この選挙での買収はいつもより少なかった」

「買収をコントロールするのに、どのような手段を取ったのですか」

「日本の選挙では、ボスたちが活発に動くので、そうしたボスたちを注意深く見張っていた」

「あなたは阿部信行を知っていますか」

「彼は候補者ではなかった」

「しかし、彼は政治的指導者だった。そうではありませんか」

「それは私の仕事の範囲ではなかった。彼は翼賛政治体制協議会の総裁だった」

「あなたの二つの発言には整合性がありません、今松さん。ボスたちを密接に監視させることで買収を防いだと言った一方で、阿部のような人物を監視させることはなかった」

「ボスというのは県にいるもので、候補者のために買収の面倒をみる。翼賛政治体制協議会のような組織ができたことで、彼らは買収することもなくなり、その活動を監視しなくてもよくなった」

「今松さん、政府そのものがそうした候補を買収していたという事実をあなたは知っていたはずだ」

「政府が候補を買収したという実例が、あるとは思わないが」

「あなたは気づきませんでしたか。そうした行為を軍務局長がしていたことを」

「選挙をめぐって、軍務局長とはつながりがなかった」

「あなたは警保局長として選挙をコントロールするのが仕事だった。そうだとすると、地方のボスと、政府内の高官は、あなたにとって同じように関心の対象だったのではありませんか」

「日本で選挙をコントロールすると言ったら、それは有権者の買収をさせないことを意味するのだ」

「それでは日本では、候補者の買収は何と呼ぶのですか」

「候補者が買収されるなどありえない。候補者は票を得るために買収をするものだ」

「国会をコントロールするために、候補者を買収することに関心のある集団があったということは知りませんでしたか」

「それは私の仕事ではない。警保局長は行政官であり、政治とは無関係なのだ」

正面からいくら攻めても平行線をたどるばかりだ。エドワーズは姿勢をさらに緩めた。

「分かりました。それでは何について話題にしたいのかを説明しましょう。一、二カ月前から関心を持っているのですが、政府の資金を使って立候補者を買収する、あるいは、当選した時にコントロールすることを念頭に選挙運動に資金を提供するというものです」

「そのような目的で政府が金を使うことなら、私は何も知らない。それは私の職務の対象外だ」

「今松さん、あなたの役職からすると多少なりとも知っていたはずだ。いくらか具体的な話をしましょう。一九四二年四月の総選挙に絡んで、機密費が使われたことについて何か知っていますか」

「知っているのは、警保局長として自分で使った機密費についてだけだ」

「それでは、そのことを話して下さい」

「機密費を私は日本全国の警察に配分した」

「その機密費はどこから調達したのですか」

「機密費は予算の中に盛り込まれ、国会で同意を得たものだ」

「警保局長として、どのぐらいの機密費を持っていたのですか」

「一〇〇万円だった。八〇パーセントを各県に配分し、残りが内務省の分だった」

日米開戦の前後の一〇〇万円は現在なら八億円ぐらいと考えることができそうだ。

「機密費の支出に、会計報告はありましたか」

「いったん知事に渡されると、どう使うかは知事に任された」

「それが機密費と呼ばれる所以なのですね」

「そうかもしれない」

今松の気持ちがいくらか落ち着いたのを見て取ったのか、検察官はここで話題を戻した。

「あなたと湯沢の間には、機密費をめぐり何かいさかいがあったのですか」

「機密費の使途は大臣の専権事項であり、問題はなかった」

「あなたが機密費を着服したと大臣の湯沢があなたを非難したのを知っていますか」

「湯沢はこの金のことを最もよく知っているので、そのようなことを語る理由はない」

「内務大臣と警保局長は一緒に辞任するのが習わしだったと、あなたは説明しました。ところが、湯沢はあなたに辞任を迫った。そうですね」

「湯沢は私の言うことが嫌いだった。すべてが彼の聞きたくないことだった」

「あなたが辞任を求められた時、あなたのオフィスには機密費がいくら残っていましたか」

「毎月決まった額で、残さないのがしきたりだった」

「あなたに配分されていた機密費は、毎月いくらでしたか」

「正確な数字は覚えていない。各県に配分する分も含めると、内務省の総額で一〇万円弱だった」

「その機密費は、どのような目的に使われましたか」

「最も大きかったのは犯人逮捕の褒賞だった。宴会に使うこともあった」

「何のための宴会ですか。今松さん」

「接待のためだ。例えば、内務省の先輩に意見を聞くとか」

「当時、内閣書記官長はだれでしたか」

「私の時は星野だった。被告人の星野直樹です」

「一九四二年のことですが、七〇〇人の候補者を巻き込んだ買収事件があったことを聞いたことはありますか。陸軍省の機密費から五〇〇〇円ずつが配られたとされています」

「噂は聞いたことがあるが、事実は何も知らない」

「その噂の根拠が何なのか、調べさせたことはありましたか」

「いや」

「なぜですか」

「警保局の仕事とは思えない」

「誰の仕事だと、あなたは考えるのですか」

「どこか特定の役所の仕事だとは思わない」

「今松さん、あなたは選挙をコントロールするために一〇〇万円を与えられました。買収を最小限にとどめるのはあなたの職務だった。それなのに、こうしたことを知らないのは異常なことのように私には思えるのですが」

「間もなく私は職を辞して地方へと去った。そのためだ」

「しかし、あなたが辞職したのは一九四二年六月ですよ。今松さん、あなたが辞職する前までに、こうした噂は蔓延していたのです」

「選挙は四月末で、辞職した六月半ばまで一月半しかなかった」

今松の警戒心を解かなくては何も進まない。検察官は再び丁寧に語りかけた。

「説明しますが、今松さん、私たちの関心は、内務省の機密費にあるのではなく、陸軍省機密費の選挙に絡んだ不法な使用に関してなのです」

「私には関係のないことで、何も答えることはできない」

「機密費で支援を受けながら、当選できなかった候補者を知っていますか」

「誰が機密費を使ったのかを知らないのだから、誰が当選して、誰が当選できなかったと言うことはできない」

「陸軍省機密費が新聞やラジオの関係者に使われたことを知っていますか」

「何も知らない」

検察官は今松を問い詰めることも、心を開かせることもできなかった。今松は戦後、国会議員となり、岸信介の側近として知られた。後に首相となる森喜朗は若い日に今松の秘書をしている。

翼賛選挙では選挙資金にとどまらず、政府が選挙運動に強く関与したことが知られている。知事や市町村長ら地域の有力者、住民組織などが総動員され、翼賛政治体制協議会の推薦を受けた候補の運動に駆り出された。警察は推薦を受けなかった候補の運動を公然と妨害したことが知られている。四六六人の当選者のうち八割を超える三八一人が推薦候補であった。

捜査の行き詰まり

四月四日にはランバートが大阪へ出張し、米軍の施設で小林一三を尋問した。憲兵隊の情報をもとにした小山亮の攻撃を受け、商工大臣を追放された当事者なので、小林の話を聞きたい気持ちは分からないでもないが、具体的にどのような情報を得ようとしたのか狙いは判然としない。

「あなたを大臣の座から追い落とすために首相が機密費を使ったことを知っていますか」

「そんなことは知らないが、使ったとすると陸軍大臣だろう」

「陸軍大臣はだれでしたか」

「東条だ」

ほかの尋問でも、ごく基礎的な事実関係の誤認を重ねているランバートだが、この日も準備不足は隠しようがない。とても尋問と呼べるレベルではない。

「陸軍大臣が機密費を使うにはどうしたのでしょうか」

「そんなことは知らない」

「あなたを追放するため、あるいは軍閥の利益追求のためにですか」

「そうだ」

「あなたを追放するために陸軍の機密費を受け取った人がいたのですか」

「知らないな」

「陸軍省の機密費について、私たちの捜査の役に立つ情報を何かお持ちではありませんか」

「軍部は当時、力を持っていた。私が商工大臣の座にいることは彼らの利益にならないと考えた。だから私を追放しようとしたのだ。機密費について私はそれ以上知らないが、書記官長だった富田（健治）なら知っているだろう。ちょっと待て、富田の住所だが、神奈川県の平塚……」

何のために大阪まで行ったのか。目を覆うばかりのお粗末な内容である。

小林一三の尋問から一週間後の四月一一日、エドワーズは四王天延孝（しおうてんのぶたか）を尋問している。陸軍中将から衆議院議員へと転じた四王天は、日本における反ユダヤ運動の中心的存在で巣鴨に拘留されていた。尋問中に、同席しているランバートを、「彼もＩＰＳのスタッフだ」とエドワーズが説明したことが記録されている。とても捜査要員には見えない若者だったのだろう。いぶかしげな四王天を納得させるためにエドワーズは「身分証明書をお見せしなさい」とランバートに促してもいる。

こうした尋問を重ねていた四月一四日、エドワーズの機密費捜査をめぐり一悶着がおこった。弁護士のジェームズ・フリーマンが市ヶ谷台のＩＰＳに乗り込んできたのだ。エドワーズが不在だったので、ランバートらが対応した。

未明にたたき起こした松村秀逸をめぐるトラブルだった。武藤章の後任の軍務局長をつとめた被告人佐藤賢了の弁護のために準備してきた宣誓供述書に、ＩＰＳで尋問を受けた後、松村が態度を一変させ署名を拒否するようになったというのだ。「弁護への干渉だ。許されない」とフリーマンは捜査手法を批判し強い言葉で抗議した。

翌一五日、エドワーズはフリーマンと会った。法的な手続きを踏んで、尋問にも気を配っているという趣旨を説明したが、フリーマンは納得しなかった。

そうした交渉でのやり取りは、タベナーらＩＰＳ首脳にも報告された。そこでの決定を示す記録は見あたらないのだが、エドワーズの捜査には明白な変化が現れた。陸軍軍人の尋問がその後はまったく見られないのだ。エドワーズは、ここで情報源の大きな部分を封じられてしまったようにも見える。

5 直接対決

尋問を通してエドワーズが探していたのは、機密費を悪用し、戦争犯罪のために使ったという確実な証拠、証言だった。それもA級戦犯として訴追された被告に関わるものだ。田中隆吉の話では、簡単につかめそうだったのだが、その助言に従って尋問を重ねてもいっこうに確かな事実がつかめない。状況を打破するためにエドワーズは、新たな企軸に打って出た。田中の発言を否定した人物を、田中と直接対決させるというものであった。

田中隆吉vs親軍代議士・小山亮

第一号は小山亮であった。軍務局長の武藤章から託された機密費を手渡したと田中が主張する政治家である。二人は四月二三日に相対した。

小山の面前で、エドワーズはまず田中に証言の内容と経緯を確認している。

「あなたが話したことを手短に言えば、一九四一年の初めごろ、被告人武藤はあなたに、商工大臣小林一三を追放することが、軍閥の願望であると示唆した、ということになりますが」

「その通りだ」

「その目的を達するために武藤は、小山に渡してほしいと現金三〇〇〇円をあなたに手渡した」

「それは少し違う。武藤は私を呼び〈議会で質問に答えてほしい。憲兵隊が小林について調査した結果に基づくものだ〉と言った。武藤は、〈これは陸軍大臣の命令だ〉と言ったのだ」

エドワーズは確認している。

「陸軍大臣はだれでしたか」

「東条だった」

「わかりました。続けて下さい」

「武藤は私に、〈陸軍大臣の命令だ〉と言ったが、私は憲兵隊を監督する立場にあったので確かめたかった。大臣室へ行くと、武藤と阿南（維幾）次官がいた。その前で陸軍大臣に、〈あす議会にその問題が持ち出されるように段取りをつけることを本当に命じたのか〉と尋ねた」

ふたたびエドワーズは慎重に確認を求めた。

「田中将軍、ちょっと待って下さい。大臣室へ行き、そこであなたがしたのは大臣に質問したということなのですか。尋ねたのは大臣、それとも次官でしたか」

田中が説明した。

「大臣室には、大臣のほかに武藤と阿南がいたのです。私は、二人の面前で大臣に、〈私に対する命令を武藤に出させたのか〉、と質したのです。

大臣の東条は〈小林を追放するのに、憲兵隊の調査報告書を持ち出す必要はない。小林を追放したければ、私自身でできる〉と言いました。

そこで、私は武藤に、〈憲兵隊の調査報告書はすでに小山氏の手中にあり、あなたは私に、それは大臣の命令だ、と言った。だが大臣は、今それを否定した。あなたは私に嘘を言ったのだな〉と詰問した。気まずい雰囲気になり、武藤は大臣の前で頭を垂れ、何も語らなかった。

すると阿南次官が〈問題が議会に持ち出される前日だし、具合の悪い事態になれば、陸軍の名誉にかかわることになってしまう〉と言った。阿南は〈善処してほしい〉とも私に語り、東条も同調した」

「田中将軍、〈善処してほしい〉との要請をどういう意味だと理解したのですか」

「小山氏に対してはすでに要請してあったので、小山氏に腹を立てられるのも困ると思ったのです。問題にならずに決着させるために、私に善処してもらいたかったのです」

「小山氏にはどのような要請をしていたのですか」

「〈要請〉ではなく〈命令〉が小山氏に対してなされていました。つまり、〈憲兵隊による調査の内容について、議会で質問しろ〉という命令です。その調査のことで私に質問し、私が答える、ということになっていたのです」

田中の主張が一段落すると、エドワーズは質問を小山へと向けた。

まず小林商工大臣を攻撃した理由を尋ねた。小山は説明を始めた。

「小林は商工大臣として、国の財政動向について詳しい情報を持っていた。日本の将来の政策に関する機密資料も持っていたが、それは決して漏らしてはならないものだった。外部に漏れれば金融や株価が変動する。私が小林を攻撃したのは株価が動いたからだ。機密は漏れていた。小林が漏洩させた人物であるかどうかを突き止めようとした。国民にとってきわめて重要な問題だった」

そのうえで独自の調査をしたと強調した。

「国を憂えるがゆえに、私は小林の秘書と運転手に接触し調べた。その過程で、憲兵隊がすでに調べていることを知り、それなら憲兵隊が情報を握っているだろうと考えた。

当時、憲兵隊を指揮監督する立場だった田中将軍とはかねてから親しい関係だったので、一九四一年一月の一四日か一五日ごろ、衆議院の陸軍控え室で田中に会った。〈小林の調査をしたのは本当か〉と田中に質問したが、はっきりとした返事はなかった。事実だとも、事実ではないとも語らなかった。その時、たまたま部屋にいた牧（達夫）少佐がこれを聞き、〈それは事実だ〉と語った」

牧少佐とは軍務局軍務課内政班長、つまり政界工作の担当者だった。

「牧が〈その調査のことを知っている〉と言ったので、安堵した。一国の大臣を非難するのだから重大事であり、間違えば大嘘つきになってしまう。だから私は〈報告書を見せてほしい〉と田中将軍に頼んだ。私の調査を、憲兵隊の調査で確認したかった。すると〈必要とすることは議会で何でも質問してほしい、知っているかぎり、すべて答えよう〉と兵務局長は語ったのだ。

二月に、私がまた同じ部屋を訪ねると、牧が〈報告書がある〉と私に手渡してくれた。こうして私は憲兵隊の調査報告書を見ることができた」

兵務局長の田中に無断で軍務局の班長が憲兵隊の調査結果を提供していた。田中が武藤に腹を立てたのは、この点だったのかもしれない。

エドワーズは尋ねた。

「憲兵隊の調査報告書は有用な情報を提供してくれましたか」

小山は答えた。

「小林が機密を漏らしたという点についての憲兵隊の調べは、私の調査と一致していた。だが、機密漏洩が関心の中心で、小林が株式市場を通じて利益を得たかどうかに憲兵隊は関心がなかった」

こうした事実確認を経た上でエドワーズは本題へと踏み込んだ。田中と小山の間でまったく見解の違う金銭授受の件である。まず田中に質問した。

「おおむねの時期、渡した金額、その入手先、さらに小山さんに現金を手渡した目的などを簡潔、具体的に話して下さい」

田中は答えた。

「小林に関する調査の具体的内容について明らかにすることなく、その調査に関わる質問に私は答えたが、その議会が終わった後、武藤が私を彼の部屋に呼び、〈この金を小山にやってくれ〉と言った。〈自分で渡せばいいだろう〉と言うと、武藤は〈約束を破ったので、まともに彼の顔を見ることができない〉と答えた。この当時、私は武藤と仲が悪かった。武藤は三〇〇〇円ほどを封筒に入れて私に手渡した。〈自分で渡せ〉と再び伝えると、〈いいから小山氏に渡してくれ〉と言った。そこで、小山氏に私の家に来てもらい、応接間で〈武藤からの金だ〉と説明してその三〇〇〇円を渡したわけだ。別れ際に、彼が〈この金はパンフレットの印刷に使える、そうすれば役に立つ〉と言ったのを覚えている」

この田中の発言をめぐり、エドワーズは小山に見解を求めた。

「小山さん、お尋ねしたい。あなたが彼の家の応接間に行くと、被告人武藤からのものだと断ったうえで、田中氏が三〇〇〇円ほどを入れた封筒をあなたに渡したことを覚えていますか」

小山は答えた。

「全く記憶にない。田中将軍の発言はまことに不愉快。陸軍から金品を受け取ったことはない。武藤と田中は当時、大変仲が悪く、武藤と私も仲はよくなかった。だから武藤が私に金を与えるなど考えられない。牧と私はとても仲がよかったので、武藤が私にその金を届けたいのであれば、牧に依頼するだろう。牧は憲兵隊の調査報告書さえ見せてくれた。田中氏の発言は全く不愉快だ」

真っ向からの全否定である。エドワーズは田中に再度尋ねた。

「田中将軍、小山さんの供述を聞いて、何か付け加えたいことは」

「だれも目撃者はいないし、証明することはできない。だが私は自分の発言を確信している」

エドワーズは小山にも確認を求めた。田中の家を訪ねたことはないのか、と。

「行ったことは一度もない」

統制経済の強化に否定的な小林商工大臣の追放を狙った政争の背後に、陸軍がいたことは確認された。小山の死後に編まれた伝記に「小山がこの〈機密漏洩〉の情報をどういう経路で入手したか、明らかにされていない。(中略)いえることは、小山が革新官僚にも軍部にも知己が多く、情報源に事欠かなかった、ということである」と記されているだけだった情報の出自も明白になった。

だが、エドワーズの狙いであった機密費の流れをめぐっては、田中と小山の言い分の溝は埋まらなかった。被告人の武藤をこの段階で尋問することは裁判の規定上できなかった。牧少佐は日本にいないようだとの情報がエドワーズには届いていた。このルートの捜査は隘路(あいろ)にはまりこんでしまった。

田中vs国粋大衆党総裁・笹川良一

田中隆吉の直接対決は、もう一度行われた。

相手は国粋大衆党総裁だった笹川良一である。モーターボートレースを作り出し、その資金をもとに戦後社会に不思議な影響力と存在感を示した笹川だが、この時期は巣鴨に拘禁されていた。

笹川を尋問するべき理由を、田中はこう話していた。

「一九四二年五月、陸軍省軍務局長だった佐藤賢了の事務室を訪ねた時のことだ。佐藤の机の側に坐っていると、極右政党のリーダーだった笹川良一が入ってきた。そこで佐藤が笹川に大きな札束を手渡した。笹川は札束をポケットに入れると部屋を出て行った。その金は機密費から持ち出したものであり、侵略戦争の遂行のために政党指導者に手渡されたことに疑いはない」

笹川の尋問は四月一〇日に巣鴨プリズンで行われた。

エドワーズは問いかけた。

「あなたは被告人の誰かに悪感情を持っていますか」

ＩＰＳの尋問では冒頭で必ず見かける質問で、多くの場合、答えは「ノー」なのだが、笹川の返事は「イエス」だった。

「誰に対してですか」

「佐藤賢了と武藤章だ」

東条政権下で陸軍省の軍務局長を務めた二人の名前を挙げた。

「その人たちだけですか」との重ねての問いには、東条英機、星野直樹（東条内閣の書記官長）、嶋田繁太郎(日米開戦時の海軍大臣)、白鳥敏夫(三国同盟を進めた元イタリア大使)の名前を挙げた。六人は全員がA級戦犯の被告人で、笹川とは巣鴨プリズンの同居人だ。

佐藤を嫌う理由を笹川はこう説明した。

「東条内閣は衆議院選挙を行った。彼らは軍部が好ましいと思う者を推薦し、金を与え、当選させた。わずかでも反対した者は推薦せず、警察に弾圧させた。私も弾圧された一人だ」

エドワーズの質問は核心部分に迫る。

「笹川さん、誰か他の人がいた時に、被告人佐藤と陸軍省軍務局長室で会ったことはありませんか」

「いや、ない」

「当時誰が兵務局長だったか、覚えていますか」

「田中隆吉だ」

「被告人佐藤の部屋で、田中隆吉が同席した場面を思い出しませんか」

「いや、ない」

「被告人佐藤の部屋で、田中隆吉が同席していた時、佐藤があなたに相当な現金を渡したことを覚えていませんか」

「金を渡したことも、受け取ったこともない」

「そんなことがあったと記憶していると言ったとすれば、田中の間違いなのでしょうか」

「その通り。何かの間違いだろう。ここに彼を連れてきてくれ。私の記憶に間違いはない」

「七〇〇人の候補者が一九四二年の初めに、その年の四月の国会議員選挙の運動用に金銭を供与されたのを知っていますか」

「それは事実だ」

「笹川さん、あなたはこの件について何か知っていますか」

「実際の金の受け渡しを見たという訳ではない」

「七〇〇余の候補者が五〇〇〇円を受領したという報告は正しいとお考えですか」

「それは絶対に正しい」

「それはどのような情報に基づくものですか」

「それは事実だ。金のない者が立候補し、そうした人たちが金を受け取ったと私に話したのだ」

「誰があなたに話したのですか」

「私には男としての義務がある。だからそれを話す訳にはいかない。私は名誉を重んじる。記録に残さないというのなら、参考として名前を話すことはできるが。数は七〇〇人よりは少ないはずだ。衆議院の定数は四六六だから、それ以上に金を渡したというのは信じがたい」

「何人の候補者に金が渡されたのですか」

「ほとんど全員だ。後ろについた政府機関がポスターといった物を提供したこともあった」

「何人の候補者が金を受け取ったとあなたは聞いているのですか」

「五〇〇人前後のはずだ。あまり多くを応援しても、どうせ当選しないのだから意味がない」

「あなたの情報によれば、その金の出所はどこでしたか」

「陸軍の資金だろう」

「機密費ということですか」

「その通りだ」

「機密費だと知った背景を少し聞かせて下さい」

「戦時には軍務局長のような陸軍の高官は、金を好きなだけ使えた。当選した者は全て陸軍と東条に迎合していたのだから、このことは明らかだ。奴らは反対しなかった」

「あなたの党に、選挙運動用に機密費は提供されましたか」

「一銭たりともない」

「阿部信行は当時どの党に所属していましたか」

「名前は思い出せないが全ての政党は陸軍によって一つに統一されていた」

「あなたは阿部信行と政治行動をともにされたのですね」

「私は阿部が嫌いだし、阿部も私を好きでない」

質問に真っ直ぐ答えない笹川に、検察官は詰め寄った。

「あなたは私の質問に答えていない。もう一度お聞きします。問題となっている時期に、あなたは阿部信行と同じ政治組織に所属していたというのは事実ですか。〈イエス〉か〈ノー〉で答えて下さい」

「イエス、だ。衆議院議員になった者は全員強制的にこの党に加盟させられた。入党しなければ、一言も発言できなかった」

「あなたは党の資金をどこに預金していましたか」

「私はずっと前から金持ちだ」

「一九四二年四月の選挙の前に、あなたの党には選挙運動資金としてどれほどの額がありましたか」

「金ならいっぱい持っていた。選挙のために使った金か、持っていた金か、どっちのことかね」

「まずあなたの持っていた金です。そして次に使った額」

「だいたい一〇〇万円持っていた。株を除いてだがね。選挙に使ったのは約六万円。私の党と関係のない人にも少し金を渡した」

この一〇〇万円は今日なら七億円ぐらい、六万円は四二〇〇万円といった見当だろう。

「その金をあなたはどこで手に入れたのですか」

「私は実業家だ」

「あなたは機密費を受け取ったことはありますか」

「いや」

「一度も、ですか」

「一度もない。私が受け取ったと、もし田中氏が言うのなら、彼をここに連れてきてくれ」

こうした経緯を経て五月六日、田中隆吉が巣鴨プリズンに出向いて、笹川との対決が実現した。

エドワーズはこれまでの証言を田中に確認することから始めている。

「佐藤被告は相当な現金を笹川氏に渡し、笹川氏はそれを自分の服または着物にしまった。それで正しいですか」

「笹川氏がそれを手に持っているのを、私は覚えている」

「笹川氏の顔立ちと体つきをよく見て下さい。彼が実際に、その時に佐藤被告の部屋にやってきたとあなたが記憶している人物ですか」

「その時は和服姿だったと記憶している。私の記憶に間違いないと思う」

そのうえで笹川に問いかけた。

「笹川さん、あなたの助言に従って、田中将軍にここに来てもらいました」

「私は佐藤から一銭も、酒一杯も受け取っていない。違っていたら、私は命を喜んで捧げよう」

「田中将軍は人違いをしている、と言うのですね」

「そうだ」

「言っておきたいことはありますか」

「この件は佐藤に尋ねてほしい。笹川は金を受け取るような男ではないと言うだろう」

「この告発は理由がなく、人違いだとあなたは主張するのですね」

「その通り」

ここでエドワーズは田中に問いかけた。

「田中将軍、あなたの今の気持ちをうかがいたい」

「私の記憶に誤りはないと確信している」

エドワーズはここで対決を打ち切った。

「我々は袋小路に入ってしまったようです。田中将軍は事実だと確信していますが、笹川さん、あなたはそれを強く否定している」

二人の対決はこうしてあっけなく終わっている。

右翼活動家・児玉誉士夫

この笹川をめぐるルートには、さらにもう一段の展開があった。児玉誉士夫(こだまよしお)を尋問したのだ。右翼活動家で戦後はロッキード事件で注目を集める児玉も、笹川と同じく巣鴨の住人だった。

笹川が金を受け取ったと話すのを聞いたことがあると児玉が弁護士に話していたと田中が聞きつけたもので、尋問は六月二〇日、巣鴨プリズンで行われた。この尋問には田中も同席しているが、児玉とは親しい関係なのでその方が話もスムーズに進むだろうとの田中の申し出によるものだった。

エドワーズは児玉の経歴から尋ねている。

「児玉さん、あなたは国家主義、あるいは親ファシスト運動で活動していたというのは本当ですか」

「その通り。一八歳の時から私は共産主義と戦ってきた」

「反共産主義、親ファシズムがきっかけで笹川と親しくなったのですか」

「そうだ」

「笹川が相当な額の金を、佐藤賢了被告から受け取ったとあなたは話したことがありますか」

「彼が陸軍から金を受け取ったと聞いたことはある。佐藤という名前は聞いていないが」

「児玉さん、それは確かですか」

「確かだ」

「金を受け取った状況を話して下さい」

「金など受け取ったことはないと笹川が検察官に話したと聞いたので、その後、笹川に会った時に、〈私は知っているぞ〉と言った。笹川が飛行場を陸軍に寄付したと新聞で大々的に報じられた後、笹川が軍から一〇万円を受け取ったことを私は知っていた。だから〈陸軍に献納した飛行場のことで金を受け取らなかったのか〉と私は彼に聞いた。すると〈その通りだ〉と笹川は言った」

「その一〇万円は陸軍省の機密費から出たと思いますか」

「機密費以外にそんな金はないだろう」

「笹川が陸軍省で一〇万円を受け取ったのが一九四二年五月ごろだった可能性はありますか」

「五月だったと思う。それが一九四一年だったか一九四二年だったかは思い出せないが」

民間でパイロットを養成するとして国粋義勇飛行隊を組織した笹川は、現在の東大阪市に飛行場を開設。それを軍に寄付していた。しかし、飛行場の寄付は一九三五年ごろのことで、時期的に符合しない。その後一九四一年二月の紀元節に国粋義勇飛行隊は解散し、所有していた建物と練習機一一機を陸軍に献納している。児玉が指摘する寄付とは、そのことを指すのだろう。

この当時、軍への飛行機の献納は一種の流行であった。画家の横山大観は一九四〇年に風景画の新作二〇点を一点二万五〇〇〇円で販売し、その五〇万円で四機の大型軍用機を献納している。献納式典は盛大に執り行われ、その模様はニュース映画でも報じられている。

笹川の献納も「無償の美談」と報じられたが、背後で金が動いていたと児玉は指摘したのだ。

ここでエドワーズは田中に問いかけた。

「田中将軍、佐藤被告が陸軍省軍務局長だった一九四二年五月ごろ、彼の執務室にあなたがいた時、笹川が来て、佐藤が大きな包みを机の上で渡した。それは確かですか」

「その通りだ」

笹川との対決の段階では〈ポケットに入れた〉現金が、ここでは大きな包みに変わっている。一〇万円となるとポケットに入らないのだろう。

「その一〇万円の授受は、あなたが佐藤被告の部屋で目撃した取引と同じものだと考えますか」

「笹川が金を受け取ったのははっきり覚えているが、それが何の対価だったかは定かではない」

「児玉さん、陸軍省の機密費を受け取った人のうち、思い浮かぶ名前を三人挙げて下さい」

「それは不可能だ。右翼国家主義団体にいた人間なら、誰でも時折、東条のところか、陸軍省軍務局に行って金をもらっていた」

「もらったのは陸軍省の機密費だったのですね」

「もちろんそうだろう」

右翼の人間が陸軍省へ行けば金がもらえるのは当たり前のことだったらしいことはわかったが、ここでも裁判に使えそうな証言や証拠には到達できなかった。エドワーズが期待を寄せた小山亮と笹川良一の二つのルートは、こうして直接対決でも局面を打開できず、暗礁に乗り上げてしまった。

海軍省の金庫――横山一郎

田中の助言をもとにエドワーズは精力的に尋問を重ねていった。だが、尋問調書を読み進めても、意味のある発言にはなかなか出会わない。

海軍少将横山一郎の尋問はその典型だ。陸軍省の高級副官に相当する先任副官を海軍省でつとめた横山の尋問は四月二日に行われた。尋問は実に順調に進んだ。イェール大学に留学し、ワシントンでの大使館勤務経験もある横山の尋問は通訳抜きだったこともあるが、それ以上に質問が機微の領域に届かないのだ。

海軍省の機密費の規模を尋ねられると、「正確には思い出せないが、年間三〇〇万円ぐらい」と答えている。機密費の目的の説明を求められると、「機密費は機械の潤滑油のようなもの。海軍は大きな機械であり、すべての部品がスムーズに動くためには潤滑油が必要で、それが機密費だった」と語っている。この程度なら答えるのにためらうことはないだろう。

そのうえ「伝統的に海軍は政治に関心を持ちませんから、機密費を政治的目的には使うことはありませんでした」と強調し、悪用や流用も「思いつかない」と述べている。

A級戦犯として起訴された二八人の中には海軍の軍人も含まれていた。日米開戦時の軍令部総長だった永野修身（おさみ）はこの年の一月に病死しており、東条内閣の海軍大臣だった嶋田繁太郎と、軍務局長だった岡敬純（たかずみ）の二人が海軍を代表して法廷に立たされていた。海軍側は裁判対策を周到に練っており、IPSの尋問には、どう答えるのかを弁護士を交え、打ち合わせてから臨んでいたとされている。

「戦犯に問われている海軍の高官の中に、陸軍の高官と手を組んで、軍閥として知られる団体や派閥の目的を追求していた人がいたことを知っていますか」と検察官が質問すると、「そのような人はいないと思う」といった具合によどみなく回答が返ってくる。海軍省内の仕組みや手続き、噂の類が調書にはあふれているが、海軍省に勤務すれば誰でも知っていただろう程度の情報にすぎない。

それでも二時間に及んだ尋問の終わり近くに目を惹く問答があった。

空襲で海軍省の書類は全て焼けてしまったと横山が説明した時だった。エドワーズは尋ねた。

「記録類のための耐火金庫が海軍省になかったのはなぜですか」

戦争の当事者の海軍省にその程度の備えがないとは信じられない。素朴に疑問だったのだろう。

「金庫はありました。ただ三〇年か四〇年前のとても古い、まったく近代的ではない金庫でした」

得心できない検察官はさらに質問を投げかけた。

「耐火室があるものではありませんか」

これにも横山は事実だけを答えている。

「いいえ。海軍省は焼け落ちて、残ったのはビルのほんの一部だけでした」

和やかにスムーズに進んだ尋問だったが、日本では様々な事情がアメリカとは相当に違うらしいことを知るに終始している。

6 内閣の機密費調達法を追う

二人の内閣書記官長の尋問を通して機密費を調達する仕組みはいくらか見えてきたが、戦争犯罪との関連性を実証するための具体的な使途の解明は、小山亮の商工大臣追放劇ルートでも、笹川良一への現金提供疑惑ルートでも展望は開けず、翼賛選挙の候補者への五〇〇〇円供与も具体的な事実に到達できない。四月も半ばを過ぎるころ、エドワーズの捜査は明らかに行き詰まりを見せていた。

エドワーズに機密費捜査を命じた時期に、タベナーは他の検察官にも〈特別研究〉を命じていた。〈大政翼賛会〉〈日本の教育制度〉〈不戦条約〉〈満州への神道の導入〉といったテーマでかなりの件数である。その成果がまとまり、この時期、報告が相次いでタベナーのもとに届けられていた。

日本の制度や文化、戦争の背景といったものを理解しようとの〈特別研究〉と、機密費の捜査では難度が違う。しかし、特命を受けてすでに二カ月。法廷での被告人の証言も、四月一一日の南次郎を皮切りに始まった。「中間報告でいいから早くしてくれ」との催促をエドワーズはしきりに受けるようになっていた。

三人目の書記官長・富田健治

そうした状況のもと、エドワーズは三人目の内閣書記官長を呼び出した。大阪でのランバートによる尋問で、小林一三が「彼なら知っているはずだ」と名前を挙げた富田健治である。

内務省で特高警察を所管した保安課長、警察のトップである警保局長など主に警察畑を歩いた富田は長野県知事をしていた一九四〇年七月、第二次近衛内閣の発足に伴い書記官長に起用された。尋問を受けた当時、田辺、遠藤は六〇代だったが、富田は四九歳であり、書記官長には四二歳という若さで抜擢されていた。

尋問は、四月二一、二二の二日間行われた。

本題に入る前に、当時の人間関係を示す供述を富田がしているので、それを紹介しておこう。

「被告人の中で親しい人は」との質問に、岡敬純、武藤章、木戸幸一の三人を挙げた。富田が書記官長をつとめた当時、岡は海軍の、武藤は陸軍のそれぞれ軍務局長で、木戸は内大臣だった。

「あなたに悪感情を抱いている人は」と尋ねられると、内務省警保局長だった橋本清吉の名前を挙げた。その橋本と親しかった人物として、第二次近衛内閣の企画院総裁で戦犯として訴追されている鈴木貞一と兵務局長だった田中隆吉の名前も挙げ、「軍務局長の武藤と兵務局長の田中はとても仲が悪かった。当時の状況は複雑だった」とも述べている。陸軍省と内務省はともに最強の国家機関であった。それぞれの組織内部での確執、抗争は、武藤軍務局長＝富田書記官長コンビに対して、田中兵務局長＝橋本警保局長コンビの対立という図式を作り出していた。内閣の機密費を使って富田は新橋に待合を出させている、と橋本が近衛首相に嘘の告げ口をしたと富田は戦後に出した回想録に書き付けている。相当に険悪な関係だったようである。

〈軍部の暴走〉と語られることが多いが、軍部だけでは戦争はできなかった。その軍部と結びついた行政官僚や司法官僚がいて、それぞれが派閥を形成していたのであった。

富田はこうも語っている。

「太平洋戦争が始まった時には、被告人のすべてに強い敵意を覚えました。例えば鈴木貞一です。戦争をする能力などないことを私たちはよく知っていましたが、彼は私欲のために、最後まで戦争を後押しした。

木戸幸一にはさらに敵意を覚えました。しかし、それは私の過去の個人的な感情であり、今日では日本人全員に責任があると思っています。もちろん私自身にも。近衛内閣の期間、近衛公と一緒に私は戦争に反対し、東条内閣になると私は憲兵隊本部に尋問に呼び出されました。今になると、近衛公にもっと力があったならば、戦争にはならなかったのにと思っています。そしてこれらの人たちだけが戦争責任を問われていることを申し訳なく思います」

さて、機密費をめぐる尋問である。

「富田さん、あなたは内閣書記官長として、軍務局長だった被告人武藤と親しく付き合っていたという点からして、内閣と陸軍の機密費について豊富な知識を持っているように思えるのですが」

「陸軍の機密費に詳しくありませんが、内閣の機密費なら知っています」

これまでになく期待の持てそうな立ち上がりであるが、エドワーズは慎重に質問を選んでいる。

「あなたが書記官長をつとめたのはどの内閣でしたか」

「第二次と第三次の近衛内閣でした」

「第二次近衛内閣は一九四〇年七月二二日から一九四一年七月一六日まで、第三次近衛内閣は一九四一年七月一八日から一九四一年一〇月一六日まででしたね」

「その通りです」

ヨーロッパで戦争を始めたドイツが快進撃を続けているのに、そのドイツとの軍事同盟締結に慎重な姿勢を崩さない海軍出身の首相米内光政を追い落とすため、陸軍大臣の畑俊六に辞表を出させ、その後任を出さないという手法で陸軍が米内内閣を倒した後に、組閣されたのが第二次近衛内閣であった。陸軍大臣に東条、外務大臣に松岡洋右(ようすけ)という布陣で、わずか二カ月で日独伊三国軍事同盟をまとめあげた。だが、その外交の立役者だった松岡が、次の段階の日米交渉では近衛の意思に従わなかった。当時の大臣は天皇が任命するもので、首相には罷免権がなかった。そのために、いったん総辞職したうえで、松岡を排除して組閣されたのが第三次近衛内閣だった。

「その二つの内閣で、あなたは書記官長として内閣機密費の取り扱いに責任があったのですね」

「はい、私はその一人でした」

「できるだけ簡潔にできるだけ詳しく、内閣が機密費を使うための手続きを説明して下さい」

「内閣のために、予算で用意されていた機密費は年間一〇万円でした。しかし、内閣は陸軍と海軍からそれぞれ五〇〇万円を用立てることができました。陸軍と海軍から調達するには、書記官長が陸軍と海軍に金額を要請するのです」

先に尋問した二人の書記官長はともに在任期間が数カ月と短かった。それに対して富田は一年三カ月つとめ、陸海軍からの機密費の調達を実際に経験していた。

エドワーズは慎重に確認を求めている。

「内閣の機密費は年間一〇万円だった。そして陸軍は内閣に約五〇〇万円提供することが可能だった。海軍も約五〇〇万円の提供が可能だったということですか。五〇〇万円はそれぞれの会計年度のことですか」

「各年度です。私がその役職にあった期間は一年三カ月で、その一五カ月間で、私の覚えている実際の金額はだいたい七五〇万円でした。七五〇万円は陸軍と海軍の両者から受け取った合計です」

内閣の機密費調達をめぐる三人の書記官長の供述は一致する。陸海軍の予算から流用するこの仕組みの存在について、もはや疑いの余地はないだろう。三人ともためらう様子なく語っている。何ら後ろめたさを感じさせない。個人の責任を問われることを考えなくていい〈制度〉となっていたことを物語るのだろう。

ちなみに一九四〇年であれば、一〇万円は今日の一億円、五〇〇万円は五〇億円相当と考えることができそうだ。一般会計予算に計上されている内閣の機密費は現在の価値で年間一億円だったが、陸軍と海軍の特別会計を利用して計一〇〇億円の枠を確保していたと考えることができそうだ。

「陸軍と海軍から一年に五〇〇万円ずつを引き出すことが内閣には認められていたが、あなたが書記官長だった一五カ月間に請求したのは合計七五〇万円だったということですか」

「その通りです」

「もう一点ですが、通常の予算の内閣への配分は年間に一〇万円で、その金額の四分の一が加わり、一五カ月分と考えていいのですか」

「その通りです」

「通常の予算にある年間一〇万円の機密費ですが、どうすれば実際に使えるのですか」

「書記官長の下に担当の書記官がいて、内閣出納室から、年に数回に分けて運んできました」

「内閣出納室は、その機密費をどこから入手するのですか」

「大蔵省です」

「書記官が機密費を運んできた時、富田さん、受け取りの手続きはどうしたのですか」

「文書の上に印鑑を捺しました」

「機密費は現金で届けられたのですか」

「現金でした」

「受け取ると、あなたはどうしたのですか」

「事務所の金庫に入れて、必要な時に取り出しました」

これまでの数多くの尋問とは明らかに質が違う。

エドワーズの尋問はさらに慎重になる。

「通常の内閣機密費ですが、どのようなことへの支出を想定したものでしたか」

「機密費は、日本では、警察、県庁、外務省、内務省など全ての公的な機関で一般的に使われています。その役所の関係する業務を効率的にすることが目的ですが、詳細は決められていません。私は支出した機密費を覚え書きに記しておき、近衛公にしばしばご覧いただきました」

「覚え書きとは、どのようなものでしたか」

「小さなノートに、一万円といった大きな支出だけを書き入れました。二〇〇〇円、三〇〇〇円といったものは、時間がなくてできませんでした。実際の運用として、機密費は交際費として使われ、首相官邸での宴会は機密費から支出するものとされていました」

一万円は今日なら一〇〇〇万円、二〇〇〇円は二〇〇万円ぐらいと見ることができそうだ。

「実際の支出について具体例を示して下さい」

「内閣の機密費は、陸軍、海軍からのものと合わせて一緒にしてあるので、どの金が何の目的で支出されたかと尋ねられても正確には答えられません。内閣の通常の機密費は一〇万円ときわめて少額で、交際目的の出費は数回でそのぐらいの額に達してしまいます。首相官邸での宴会だけで毎月三、四万円はかかっていましたから。他の内閣では寄付をもらっていたが、近衛内閣は財界や財閥からは一銭も受け取らなかった」

これまでにない新鮮な証言を数多く得て初日の尋問は終わっている。

臨時軍事費と機密費

富田の尋問は翌二二日午前一〇時に再開された。

エドワーズは記録を示して尋ねた。

「この文字はどういう意味ですか」

「臨時軍事費」

「あなたが貴族院議員だった時、資金を承認するための審議をしたことを覚えていますか」

書記官長の後に富田は貴族院議員に任命されている。

「議員になったのは大東亜戦争が始まった後でしたから、審議したのは大東亜戦争費でした」

「それでは、この文字列の意味は」

「満州事件費機密費」「支那事件費機密費」

「近衛内閣で書記官長をされたのは、今示した資金が使われていた時期でしたか」

「近衛内閣の時に満州事変は終わっていました」

「私の理解では、支那事変が勃発した後も、陸軍では満州事変の機密費が継続していたのです」

エドワーズのこの発言は基本的な仕組みとして間違いではないが、いささか半可通であり、富田が書記官長になった段階では満州事変の臨時軍事費はすでに役目を終えていた。

「あなたの言う継続を私は知りません。すべては臨時軍事費という予算の中に含まれていたからです。そうした資金が具体的にどう使われるのかが国会で説明されることはありませんでした。予算委員会で説明されたのは戦争の状況と、それを打開する軍の政策と、そのための臨時軍事費の必要性でした。臨時軍事費がどのようなことに使われるのかは決して説明されませんでした。ですから、政府の内部でも、陸軍、海軍両大臣を除くと臨時軍事費の細目は知らなかったのです」

官僚出身で内閣のまとめ役の書記官長でさえ内容を知らなかった。それが臨時軍事費だった。

「そこが知りたいポイントなのです、富田さん。あなたは内閣の機密費は年額一〇万円だったと話された。それから私たちは陸軍省の機密費へと話題を移し、そこでは国会は予算の塊として承認するだけで、そのうちのどの部分が機密費なのかは知らされていなかったと話されました。そこでお尋ねしますが、その状況は内閣機密費でも同じだったのですか」

「内閣に割り当てられた機密費を国会は知っていたはずです。それは報告に含まれていました。しかし、陸軍省から受け取った五〇〇万円の詳細は知らなかったと思います」

「こちらの文字をご覧下さい。富田さん。何と書いてありますか」

「大東亜戦争費。次の行には臨時軍事費と書いてあります」

「貴族院議員として、そうした予算の承認を求められたことを覚えていますか」

「はい」

「富田さん、大東亜戦争費と臨時軍事費は同じものですか」

「その予算は全体で臨時軍事費と呼ばれていたように思う。大東亜戦争費はその下にある項目だろう。通常の予算では四月一日から翌年の三月三一日までが会計年度で、それに対して会計検査が行われ、余った金はすべてが戻された。しかし臨時軍事費の場合は、会計検査は不要で、陸軍省は臨時軍事費として巨額の金を得ていた。かなりの剰余金が毎年あったはずだが、会計検査がないので、それを機密費として使っていた。私はそのように理解しています」

ここでエドワーズはまた文書を提示した。

「この支出命令には関東軍参謀長の小磯国昭、朝鮮軍参謀長の大串敬吉、台湾軍参謀長の大塚堅之助、さらにその他の名前も含まれていませんか」

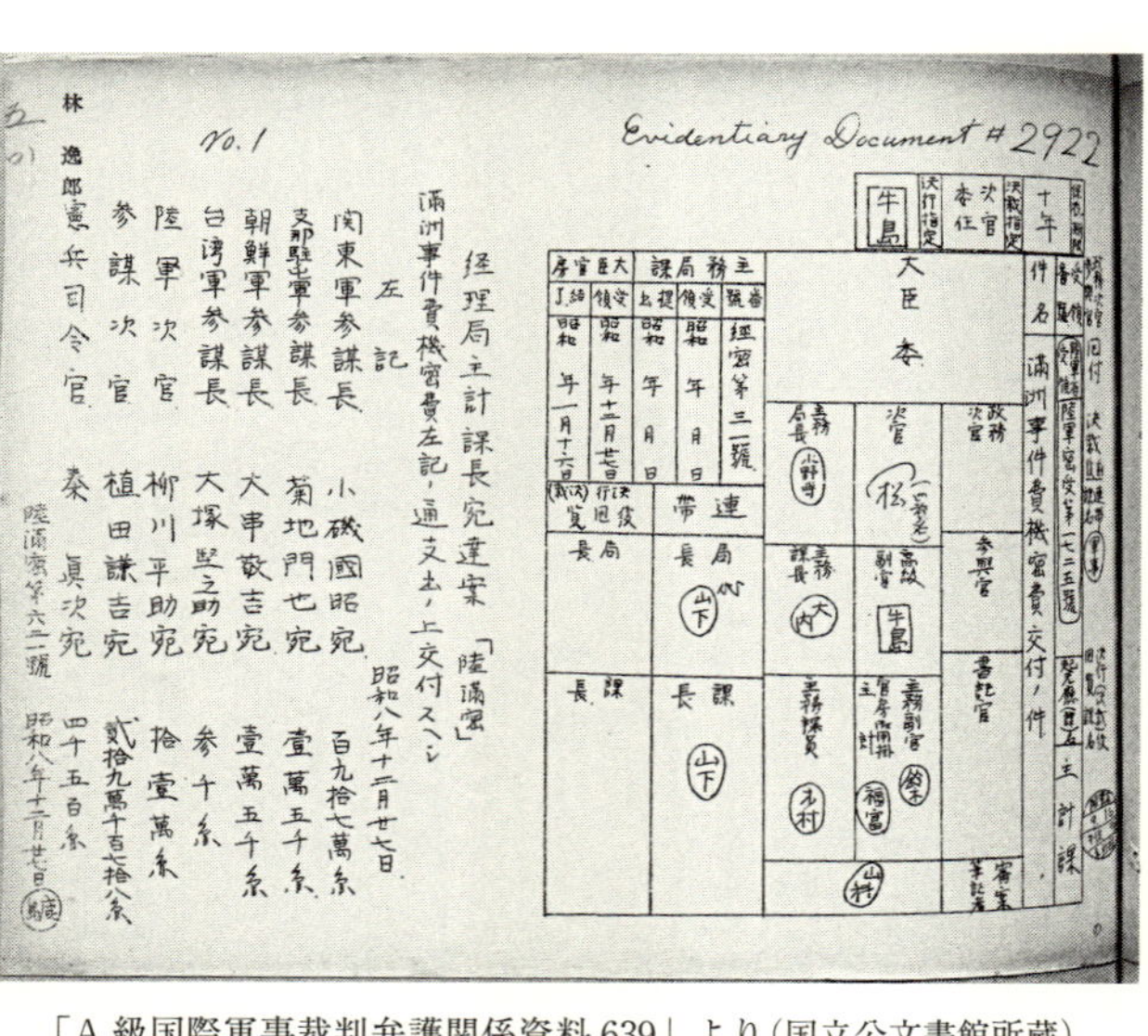
Evidentiary Document #2922

No.1

満洲事件費機密費交付ノ件

経理局主計課長宛達案「陸満密」

満洲事件費機密費左記ノ通支出ノ上交付スヘシ

昭和八年十二月廿七日

左記

関東軍参謀長　小磯國昭宛　百九拾七萬圓

支那駐屯軍参謀長　菊地門也宛　壹萬五千圓

朝鮮軍参謀長　大串敬吉宛　壹萬五千圓

台湾軍参謀長　大塚堅之助宛　参千圓

陸軍次官　柳川平助宛　拾壹萬圓

参謀次官　植田謙吉宛　貳拾九萬千百七拾八圓

林逸郎憲兵司令官　秦真次宛　四千五百圓

陸満密第六二一號

昭和八年十二月廿七日

「A 級国際軍事裁判弁護関係資料 639」より（国立公文書館所蔵）

「その通りです」

「この文書が示すのは、満州事変機密費からの支出は、この文書の指示により関東軍、朝鮮軍、さらに台湾軍その他の参謀長にも向けて行われた。そういうことですね」

「その文書によれば、その通りです」

「その当時、あなたはそのような事実に気づいていましたか。富田さん。満州事変の機密費が、このように使われていたことに」

「知らなかった」

尋問調書の文面や東京裁判の速記録からは覗いようがなかったが、タベナーがエドワーズに託した文書に支出先として記されていたのは関東軍参謀長の小磯国昭の名前だけではなかった。

どのような文書なのだろう。これは実物を確認しなくてはいけない。そう考えて防衛省防衛研究所が収蔵している旧陸軍省の文書を探した。国立公文書館に設けられたアジア歴史資料センターがインターネット上で公開している。機密費関連の記録類はかなりの数あったが、目指す文書は見当たらなかった。それではと皇居に近い国立公文書館へと足を運んだ。東京裁判の弁護人が持っていた資料を法務省が収集しており、それが平成になって公文書館に移管されている。その中にあるだろうと考えたのだが、様々な文書が雑多に綴じ込まれたぶ厚い簿冊は八〇〇冊以上もあるという。途方に暮れる思いだったが、仕方ないと気を取り直して探し始めたら数時間でたどりつくことができた。

今日のような電子コピーはないので、手で書き写した複製だ。決裁過程を示す、次官、高級副官、主務局長、主務課長といった欄には手書きで印鑑が模写されている。その文書にはこう記されている。

経理局主計課長宛達案「陸満密」

満州事件費機密費左記の通支出の上交付すべし

昭和八年一二月二七日

左記

関東軍参謀長　小磯国昭宛　一九七万円

支那駐屯軍参謀長　菊地門也宛　一万五〇〇〇円

朝鮮軍参謀長　大串敬吉宛　一万五〇〇〇円

台湾軍参謀長　大塚堅之助宛　三〇〇〇円

陸軍次官　柳川平助宛　一一万円

参謀次官　植田謙吉宛　二九万一一七八円

憲兵司令官　秦　真次宛　四五〇〇円

陸満密第六二一号　昭和八年一二月二七日

満州事変の機密費は関東軍だけでなく、陸軍の各組織に満遍なく配分されていたのだ。総額は二四〇万八六七八円。同じ額が年に四回支払われたと考えると九六三万四七一二円になる。先に紹介した会計検査院の資料によれば、この年の陸軍機密費は一〇三三万四四〇五円であり、かなり近似する。

陸軍省本体の分について、陸軍次官経験者の柴山兼四郎は「柳川平助次官の時に確保した」と語っていたが、その柳川の名前が見える。ここに示された一一万円はその成果なのだろうか。年間四四万円となれば今日なら八億円ぐらいの価値があったと見ていいだろう。

満州事変の直前は陸軍全体で年間三〇万円にすぎなかったのだから、驚くばかりの膨張ぶりである。満州国総務長官に赴任する遠藤柳作に、お土産を買うようにと現金を与えた柳川の気前良さの源泉でもあっただろう。

その資料を提示しながら、エドワーズは問いかけた。

「そのような支出を奇妙に思いませんか」

「そうは思いません。その当時までは、機密費は厳格に支出されていたに違いないが、次第にルーズになったのだと思います」

「朝鮮軍や台湾軍が満州事変に参加していたと日本人は思っていましたか」

「これらの軍は満州に移動し、満州事変に参加する可能性があった。奇妙なことだとは思いません」

「それでは、関東軍参謀長だった被告人小磯に対する支出額をご覧下さい。彼にはいくら支払えと命令していますか」

「一九七万円」

「その文書には一二月二七日の日付があります。会計年度は四月に始まり、翌年の三月末までですから、そこにある小磯に支払われた一九七万円は、三カ月分です。一月、二月、三月の分ですね」

「はい」

「これが四半期分の支出であることを考えると、関東軍参謀長は一会計年度に七八八万円の機密費を要求していたことになります。それは常識を超えた大金ではありませんか」

「そうだとは思いません」

二カ月に及ぶ専従捜査はエドワーズに知識を蓄えさせていた。当初は、こうした明確な否定に遭うと放てなかった二の矢を、慌てることなくエドワーズはつがえている。

「たぶん、その資金が何を意図していたのかをよく理解できないためなのでしょうが、私にとって、その巨大な金額はいささかの驚きです。それではお尋ねします。関東軍参謀長には、日常の経費や作戦のための出費として、通常の予算から充分な資金が提供されていなかったのですか」

「この金が、通常の軍の作戦のために使われたとは私は思いません。というより、事実としては知らないのですが、その金は土肥原を奉天の市長に据えるとか、ハルビンなどの特務機関の運用のためとか、スパイの展開とか、溥儀を満州の帝位につかせるとか、そうしたことのために、多くの人を様々な場所から連れてこなくてはいけないし……。そうした目的のための資金は通常の軍事予算からは出せないし……、とても大きな金額になるはずです」

奉天特務機関長だった土肥原が、関東軍が占領した奉天の市長となったのは満州事変の勃発直後のことである。もとより選挙があったわけではなく、その体制は一カ月弱で終わっている。

「そうした特別な出費に機密費が使われたとあなたが想像するのは、そうした出費に対する会計検査を強いられることを軍閥が望んでいなかったという事実があり、そうした目的に使われていることを本国の人たちに知られる心配がなかったからですか」

「そういうことだと思います」

「この文書の日付の当時、あなたは拓務省に勤務していましたね」

「はい」

「その役職にいて、私たちが話し合ったような活動に関わりがありましたか」

「直接の関わりはありませんでしたが、拓務省の警務課長だった時、満州の鉄道周辺を所管していましたので、いくらか知ることがありました」

「あなたは、こうした状況をどのように見ていましたか」

富田は自身の経験、見聞を語り出した。

「拓務省警務課長を一九三二年から一九三四年までつとめ、その間に三度満州を訪ねました。一九三一年九月一八日に満州事変が勃発し、その少し後が最初の訪問でした。満州における日本軍の状況を目の当たりにしましたが、陸軍の軍人はとても腐敗していました。毎日酒を飲み、料理屋はいつも日本軍の将校で一杯でした。料理屋の玄関には日本陸軍の将校たちのブーツが並び、通常の民間人は入れませんでした。私たちが入れたのは、軍の将校に案内された時だけでした。

陸軍の将校たちは、上は将軍から下は少尉まで、女をめぐって争っていました。将軍と大尉が、一人の女をめぐってのライバルという状態でした。

満州にいる軍人ではない官吏、私のような人間ですが、それと住民は、そのような状態をとても腹立たしく思っていました。そうした腐敗した陸軍将校たちとうまくやっている人と、陸軍将校に服従する人たちだけが、陸軍から大切にされました。これは日本人の最悪の点だと思っています」

「富田さん、あなたは満州で目撃したことを話されました。また陸軍機密費のかなりの部分は、土肥原を奉天の市長に据えるとか、王朝を打ち立てるとかいった目的のために使われたのだろうとの考えを示されました。そこでお尋ねしたいのですが、あなたが満州に行った後でも、陸軍機密費が関東軍の将校によって、そうした目的に使われたというあなたの見解は揺るがなかったのですか」

「はい。私が満州に行った時に、あなたが今おっしゃったことは、幅広く語られていました。機密費のかなりはそのような目的に使われ、将校による濫費はそれほどの金額ではなかったはずです」

「確かな情報によると、富田さん、あなたが数度の満州旅行や東京にいる間に、陸軍省の機密費が長春（新京）の銀行の関東軍参謀長の口座に送られ、それが同じ銀行の東京支店に移されていました。そのうえで、その金はここ東京で引き出され、日本国内での目的のために使われていたのですが、そのことをご存じでしたか」

「まったく聞いたことがありません。しかし、それはごく簡単なことでしょう。陸軍省の機密費にしても、七〇〇万円余という金額は、満州で関東軍の将校達が手にしたものと比べると、いたって少額でしょう。満州は軍政下にあったのです。商業目的の様々な権利は関東軍によって差配されていた。

そうした権益を認めるために、関東軍の将校たちは、参謀長から大尉まで金をもらっていたのです。それは大変な額に上り浪費された。それだけでなく、鈴木貞一、東条英機、岸信介、鮎川義介、そのほかの人間も、麻薬とアヘンを扱って十数億円にのぼるという巨額の金を手にしていた。その事実を私は知っている。ある関係を通して、東条の金を満州から飛行機で運んだという男とたまたま知り合いになった」

予期しない発言が飛び出した。

十数億円である。これまで登場した金額とは桁が違う。

調達ルートの解明へ

だが、エドワーズは、新たな獲物にすぐに飛びつくことはせず、手順を踏んで供述を固めようと慎重に質問を選んでいる。

「昨日の午前中に、私たちは約一〇万円の通常予算の機密費を内閣が使えるようにするための手順を、かなりの時間をかけて検討しました。その結果、あなたが書記官長をしていた一五カ月に陸軍と海軍から受け取った七五〇万円とを区別することができました。

ここからは陸軍と海軍からの機密費を得るための手続きについてお尋ねします」

「金額を陸軍次官に要請します。しばしば私たちは要請しました。陸軍次官は彼の副官に持たせて私たちの事務所に届けました。手順は海軍も同じでした。いつも現金でした」

「陸軍次官は誰でしたか」

「阿南でした。彼は戦争が終った時の陸軍大臣で、自決しました」

「被告人武藤は、その時、軍務局長だったのではありませんか」

「武藤でしたが、機密費にはあまり関わっていません。機密費は陸軍次官の担当でした」

「あなたの見たところ、海軍では機密費の悪用はありませんでしたか」

「海軍は陸軍ほど悪用していないと思います。海軍は陸軍よりもずっと落ち着いていました。実際の戦闘行動は大東亜戦争になってからでした。満州やその他の地域で行動していた陸軍のような機会はなかったのです。海軍は陸軍よりもずっと紳士でした」

「機密費を受け取った時に、何らかの証明を渡しましたか」

「領収書を書きました」

「どのようなものでしたか」

「きわめて簡単なものでした。〈この金額を受け取りました〉と記し、富田の名前と印を捺しました。阿南次官宛てで、名刺の裏に書いて、そこに印を捺したこともありました」

「その受け取りの手順は、きわめて非公式だったということなのですね」

「きわめて非公式でした。どこまでも私と陸軍次官との間の出来事でした」

エドワーズはここで、先ほどの気になる発言へと話題を移した。

「かなりの金額を運んだというのは誰のことですか。被告人東条に上海から数億円が運ばれたとあなたは話したと思いますが」

「細川護貞（もりさだ）から聞いたのです。彼は細川侯爵家の長男です。安田銀行に勤める彼の友人が、上海に行って陸軍の輸送機で二億円の現金を運んだ、と彼は言っていました。その男は、戻って来るなり憲兵隊に逮捕された。しかし、すぐに釈放された。それは東条への金だったからだ。その男の名前を私は忘れてしまった。しかし、たぶん細川護貞なら教えてくれる」

「いつごろ起きたことですか」

「少なくとも大東亜戦争が始まった後のことでした」

「金は上海の銀行でもらい飛行機で東京へ運んだ。それは確かですか」

「上海の銀行なのかは確実ではない。しかし金は飛行機で運ばれたのは確かでしょう」

「上海からですね」

「はい、上海からです」

東条内閣当時の二億円となると今日の一〇〇〇億から一五〇〇億円ぐらいには相当しそうだ。ここまで巨額になると、本当だろうかと首をかしげたくもなるが、直前の内閣で書記官長を務めた高官の発言である。それが信憑性を伴い話題になる雰囲気や光景が当時の政界中枢にはあったのだろう。

だが、この件でエドワーズはそれ以上の深入りをしていない。

内閣の機密費をめぐる展開もこれまでにない確度、手応えなのだ。質問は本筋に戻っている。

「近衛内閣で書記官長をされた一五カ月で、内閣と陸海軍からのものとを合わせて約七六〇万円あった機密費のうち、どのぐらいを使ったのですか」

「すべて使いました。一つは交際費で、国会議員をコントロールするにはかなりの金がかかった。一九四〇年に大政翼賛会が設立されました。この団体は国会議員があまり政府に反対しないようにするのが狙いでした。そして軍部と親しい関係にある右翼テロリストをコントロールしたかった。その当時、左翼共産主義者はもう問題ではなかった」

第二次近衛内閣当時の七六〇万円は今日なら七〇億円超の価値はありそうだ。在任期間の一五カ月で割ると毎月五億円ぐらいの見当になる。使いでがありそうだ。

「あなたは機密費を阿部信行に渡したのですか」

「いいえ」

「大政翼賛会の誰に渡したのですか」

「風見章（かざみあきら）でした。彼は第一次近衛内閣の書記官長で、その時は司法大臣でした」

名前の挙がった風見が機密費に絡んで尋問を受けた痕跡はＩＰＳの資料には見当たらない。

「渡した機密費は、どのように使われたとあなたは理解していますか」

「知らないが、大政翼賛会を作るために国会内の様々なボスたちに配られたのだろうと思う」

「あなたは総理大臣か内閣の指示に従って風見に金を渡しただけだというのですか」

「風見に相当額を渡すようにと首相に命じられていました。そして時々、風見がやって来て金を要求した。渡したことは首相に報告しました」

「富田さん、内閣書記官長ともあろう者が、要求されたからといって、まとまった金を無分別に渡すことはないだろうと私には思えるのですが」

「風見は第一次近衛内閣の書記官長で、近衛公とはとても近しく、全幅の信頼が置かれていた。その金は国会議員をコントロールするために大政翼賛会によって使われ、ボスたちに与えられることは知っていた。しかし、誰に配られたのかといった詳細は知らないのです」

「富田さん、あなたにいくつかの短い質問をしますので、イエスかノーで答えて下さい」

「あなたは一九四二年四月に行われた選挙で、機密費が広く流用されたことを知っていますか」

「相当に流用されたと思う」

「陸軍省の機密費が、一人当たり五〇〇〇円、数百人に配られたと耳にしたことはありますか」

「私が聞いた一人当たりの金額はもっと大きかった」

「機密費を使って、新聞の代表や特派員やラジオなどを買収していたことを知っていますか」

「事実は知らないが、広く行われていただろう可能性は高い」

「商工大臣小林一三を追い落とそうと、機密費が使われたことを耳にしたことはありましたか」

「いいえ」

「あなたは警察と近い関係にありますが、地方の警察を使って、一九四二年四月の選挙で、ある特定の候補に圧力をかけたり、威嚇したりしたことを知っていますか」

「その通りです。選挙にここまで干渉する政府を見たことがないと部下たちは話していました」

「そのような活動を支えるために陸軍省の機密費が支出されたと聞いたことはありましたか」

「それは聞いたことがない。そのような金を使う必要があるとも思えない」

「それでは一般的な質問です。富田さん。あなたの見解を聞かせて下さい。いわゆる軍閥が目的を達成するために、機密費は重要な役割を果たしましたか」

「金は政治で重要な役割を演じる。軍閥は物理的な力を持っているので、金は目的の達成に決定的な要素ではないが、多くの政治家を買収するのを助けた。

しかし、その当時、それが絶対必要だったのではない。例えば、警察の場合なら、数多くの署長たちがより高い役職へと昇進したが、それは軍部に服従しただけの結果であり、彼らにそうさせるのに金は必要なかった。

右翼にしても、陸軍の機密費を受け取る必要はなかった。彼らがしなくてはいけないことは軍の政策に従うことで、そうすれば財閥から金が入ってきた。言葉を換えると、軍国主義者は機密費がなければ目的を達成できなかったとは言えないのです」

若くして官僚組織のトップにまで登り詰めた人間の冷徹な観察眼である。

「それでも富田さん、規律の統制がなく、会計検査もない、それでいてとても大きな金額が、国会で明らかにされることなく使えるということは、軍の高官たちにとって、彼らの目的を達成するのにとても都合のいい存在だったのではありませんか」

「それはその通りです」

「私たちが話し合ってきた問題で、合意に達したようです。富田さん、長い尋問になってしまいました。ご協力に深く感謝します。ここまでにしましょう」

富田の証言は、これまでにない収穫にあふれていた。過去二人の書記官長の証言によって輪郭が浮かび上がっていた内閣＝首相の機密費の調達法が、具体的な姿を見せた。それに加えて上海から現金の空輸という新たなルートが出現した。

エドワーズが機密費の捜査を命じられてから二カ月、尋問の開始から一月余が経っていた。

上納方式のシステム化

三人の書記官長経験者の証言を通して明らかになった陸海軍から首相官邸への機密費提供の仕組みには、どこか既視感を覚えるものがある。二〇〇一年に摘発された外交機密費の流用横領事件の背景に、似た構図があったことを思い起こした人もいるだろう。

エドワーズの尋問からは少し離れるが、この事件をたどっておこう。

首相が外遊する際、宿泊費や交通費などを精算する業務を担当していた外務省の要人外国訪問支援室長が、水増し請求を繰り返し、着服を重ねていたことが明るみに出たもので、約五億円の分が詐欺罪として立件され、判決は懲役七年六月の実刑だった。

首相ら要人が外遊すると随行の官僚たちも高級ホテルに宿泊する。だが旅費規程では宿泊費に上限がありまかなえないので、その超過分を表に出ない形で精算することが必要だった。実際に宿泊するキャリア官僚に代わって、そうした後始末を一手に担っていたのが問題となったノンキャリアの支援室長であり、宿泊の金額、人数、日数といったものを水増しして請求し、実際との差額の多くを自分のポケットに入れていた。

金額の大きさ、首相の外遊や先進国首脳会議という舞台回しの華やかさにくわえ、愛人を抱え競走馬を買いあさるといった支援室長の放埒（ほうらつ）な振る舞いが明るみに出て、事件は社会の関心を集めた。

その行動は相当に無軌道だったようだが、それを支えたのは〈ばれるはずがない〉との思いだったのだろう。

捜査によって、精算に使った原資の多くは内閣官房の機密費だったことが明らかになった。支援室長がその職にあった一九九三年からの約六年間に、首相の外国訪問団の宿泊費超過分として官房機密費から九億六五〇〇万円を受け取っていた。実際に支払った超過分は二億五〇〇〇万円ほどで、七億円以上が水増しだった。

出張旅費の補塡に官房機密費が使われたのはなぜだったのか。その理由を探ると、外務省から首相官邸に機密費を上納する仕組みの存在が浮かび上がった。当時の報道を総合すると、官房機密費は年間約一六億円。それでは足りないので、約五五億円ある外務省の機密費から二〇億円を首相官邸に上納することが慣習になっていた。〈外交には機密費が必要だろう〉と国民が納得できそうな外務省の予算に潜り込ませて内閣の活動費を確保していたのだ。

上納した一部を外務省が返してもらう形で旅費を精算していたというのが基本構図であり、支援室長は首相が外遊するたびに官邸を訪ねては、現金で受け取っていた。

この事件をめぐっては、共産党の志位和夫氏が「報償費について」との題がある資料を国会で示している。独自に入手した政府の内部文書だとして、二〇〇一年二月九日に、衆議院予算委員会での質問に持ち出したものだ。報償費とは今日における機密費の正式名称である。

この文書には一九八九年五月の日付があり、竹下登内閣から宇野宗佑内閣への政権引き継ぎのために首席内閣参事官が作ったものだとされている。

基本的な仕組みを「官房長が取り扱う報償費は、予算上内閣官房と外務省に計上されており、形式的には外務省計上分を内閣官房に交付する形をとっている」と説明し、さらに「官房長官の取り扱う報償費の額は次のとおり」として、一九八三年度から七年間の実績を記している。

年度により多少の変動はあるが、内閣分が一二億円、外務省からの上納分が一五億円で、合わせると二七億円というのが平均規模であった。一九八八と八九の両年度は、内閣分が一億円、外務省分が四億円増額され、計三二億円になっているが、「税制改正のための特別の扱いである」との注記がついている。その時期の税制改正といえば消費税の導入である。

歳川隆雄氏は『機密費』で、この上納システムは一九六四年に発足した佐藤栄作内閣が日韓国交正常化に取り組む過程で始まったと指摘している。

「裏交渉のための助っ人として、自民党の大野伴睦(ばんぼく)元副総裁、右翼の児玉誉士夫、矢次一夫らに協力を要請。これらの大物が両国間を往来して暗躍した。

だが、表裏両面での交渉が長期間にわたって続くうちに問題が出てきた。これらの大物による裏交渉には莫大なカネがかかったのである。裏交渉は当然、官邸の機密費で賄われたが、大物の助っ人たちは〝カネ食い虫〟で、官房機密費がどんどん出ていく。そして交渉半ばで底をついてしまった。

さてどうするか、ということで官邸首脳部が頭をしぼって考え出したのが、外交機密費を流用、あるいは転用するという手だった。当時すでに予算上は外交機密費が官房機密費を上回っており、官邸側はそこに目をつけたのだ」

日韓の国交は一九六五年に日韓基本条約が調印され正常化されたが、機密費の上納方式はその後の政権にも引き継がれた。

「たとえば七〇年代初めの田中角栄政権による日中国交正常化交渉などの際にも使用されている。

〈中略〉当初は一種の便法として使われた上納方式が次第に〈中略〉システム化されていった最大の原因は、官房機密費の使途が〈機密〉以外の面にまで恣意的に広げられたことにある。〈中略〉首相の公式的な外国訪問や国会の野党対策が〈機密〉であるはずがないが、〈中略〉〈聖域〉化されたブラックボックスのなかで政府の便利な裏ガネとして利用されてきた面が大きいのだ」

陸海軍の機密費を流用していた戦前と基本的な構図は何も変わっていないことに驚く。志位氏が国会で示した内部文書は報償費の性格を「国が国の仕事を円滑に実施するため、その状況に応じて最も適切と考えられる方法により、機動的に使用される経費である。なお報償費は、沿革的には旧憲法下における機密費の系統に属する」と説明している。

人的にも、制度的にも、精神的にも日本の戦後社会は、戦前からの強い連続性を保っていることが大きな特徴である。ここまでにエドワーズの尋問を受けた人物を見ても、新聞班長の松村秀逸、内閣書記官長の遠藤柳作と富田健治、内務省警保局長の今松治郎は戦後に国会議員となり政治に参画している。そうした体制の象徴ともいえる首相官邸において、機密費の調達法が戦前と基本的に同じであっても何の不思議もない。歳川氏の指摘のように「頭をしぼって考え出した」のか、それとも戦前の仕組みを知っている者が政権の周辺にいたのかは判断のしようがないが、説明しなくてもいい隠しやすい場所に配分し、そこから流用すればいいという発想が何よりもそっくりである。

機密費五〇〇〇円の受取人

一九四二年の翼賛選挙をめぐっては、金を受け取ったはずの政治家サイドにＩＰＳは注目し、何人かを尋問している。

四月二四日にはランバートが八角三郎を尋問している。首相もつとめた米内光政と中学から海軍兵学校まで同期。中将で退役し、一九三二年の総選挙に郷里の岩手県から政友会所属で立候補し初当選。敗戦の年まで一三年間衆議院議員をつとめた。

「軍の機密費について、知っていることを話して下さい」とランバートは問いかけている。

「海軍では機密費は海軍大臣の権限だ。私は軍令部と艦隊に勤務し、駐在武官もしたが、海軍省は勤務したことがない。機密費はその海軍省の権限だった。海軍の機密費は実に少額だった」

「軍の資金が選挙に使われることに反対したことはありましたか」

「政治家が軍から資金的援助を受けていたかを私は知らないが、政治家は外部から資金援助を受けるべきでないと私は常々主張してきた。そうしないと独立が制約されてしまう」

「機密費を海外から日本へ運ぶことに関わったことはありますか」

「まったくない」

「そうした仕組みは、駐在武官なら詳しいのではありませんか」

「私が武官だったのは一九一八年から一九二〇年のことだ」

「衆議院議員として、あなたは陸軍予算に賛成しましたか」

「その当時、陸軍はきちんと政策を説明しないまま、あまりに大きな予算を手にしていた。そんなに大きな予算を要求するより、きちんとした政策を説明するべきだと私は指摘した」

「軍国主義的利益を追求するため、陸軍がかなりの金額を選挙に支出したことを知っていますか」

「どのぐらいの額かは知らないが、かなりの規模の金額が機密費になっているとは聞いていた」

「機密費からの資金は、選挙で何人の候補に与えられたのですか」

「知らない」

「あなたは五〇〇〇円を受け取りましたか」

「いや」

「あなたの同僚たちは五〇〇〇円を受け取りましたか」

「もらった人がいたと聞いたことはある」

「誰がもらったと聞いたのですか」

「個人的な友人だ。名前は言えない」

「彼は政友会の党員ですか」

「そうだが、それが機密費だと知ったならば、その金を返しただろう」

「この選挙の期間に、候補者たちが五〇〇〇円を受け取っていたという事実を私たちはつかんでいます。私たちはどの候補が五〇〇〇円を受け取ったのか、その完全な記録を作ることを目指しています。その記録を仕上げるためには、その名前をつかむことが必要なのです」

「受け取った人はたくさんいたに違いない。私は政府からの金を受け取るのに反対だった。すると憲兵隊は私を反軍的だとして捜査した」

「彼が五〇〇〇円を受け取ったと信じているのに、それでも彼の名前を教えてくれないのですか」

「戦争が終わり、彼は郷里の村へ帰っている。捜査を及ばせたくない」

「五〇〇〇円を受け取った候補は、全員が当選したと思いますか」

「翼賛候補の中には、その支援がなければ難しい候補がいたことは認めなくてはいけない」

「あなたは法廷に証人として立たされても、なお五〇〇〇円を受け取った人の名前を明かすことを拒むつもりか」

ランバートは机を叩かんばかりの剣幕である。

「その時は、私が五〇〇〇円をもらったと言いましょう。それでよしとして下さい」

「機密費の使用に関して、これ以上の情報はありますか」

「陸軍の機密費について私は何も知らないし、海軍の機密費はとても小さい。それが私の知っているすべてだ」

肝心なことは何も引き出せないままに、尋問は終了している。

7
東条の秘密資金は上海から空輸されたか

寒さの厳しい二月に始まった機密費をめぐるエドワーズの特命捜査だったが、尋問を繰り返すうちに一九四七年の春は深まっていった。

この間、東京に三五あった区が再編された。戦災によって人口バランスが一変したためで、ＩＰＳのある市ヶ谷台は牛込区だったのが、四谷区、淀橋区と統合し新宿区になった。

花を楽しむ余裕もない春だったのはエドワーズだけではなかった。日本の社会は変動の大きなうねりのなかにあった。教育基本法、労働基準法、独占禁止法、地方自治法、裁判所・検察庁法など、新たな社会制度の仕組みを定めた法律が三月から四月にかけて次々と公布された。春の甲子園大会が復活し、笠置シヅ子の歌う「東京ブギウギ」がヒット。生活のために体を売りパンパンとよばれた女性たちの声がラジオで放送され、話題となったのもこのころだった。

そうした中、四月二〇日には初の参議院選挙が、二五日には衆議院の総選挙が、相前後して第一回の統一地方選挙が実施された。五月三日には日本国憲法が施行され、その月の二〇日に吉田茂内閣が総辞職し、社会党の片山哲を首班とする内閣が誕生した。

第二次・第三次近衛内閣で書記官長をつとめた富田健治の尋問を終えた四月二一日の午後、エドワーズは、捜査部のエドワード・モナハン部長代理に依頼の文書を届けている。

富田が話した細川護貞の連絡先、さらに当時の憲兵隊幹部の所在を調べてほしいとの内容だった。三日後の二五日にモナハンから返事が届いた。細川の住所が分かったので出頭を求めることにするとの内容であった。

近衛首相の秘書・細川護貞

細川護貞の尋問は五月一日の午前に行われた。細川は近衛の娘婿であり、第二次・第三次近衛内閣で近衛の秘書をつとめた。尋問当時、三四歳。ほぼ半世紀後に首相になる細川護熙（もりひろ）の父である。

エドワーズは細川に、こう問いかけている。

「私たちは機密費の使い道について集中的に調べを進めています。あなたは近衛公の秘書をしていた時に、機密費について詳しくなったのではありませんか」

富田の証言はこれまでにない確度の高い情報だとエドワーズは睨んでいた。ここは勝負どころだとの思いがにじむ。

「機密費について私は何も知りません」

「あなたの知っている限り、細川さん、どのような目的で内閣は機密費を使ったのですか」

「機密費は内閣書記官長が扱っていましたので私は何も知りません。しかし、重慶政府との和平交渉のために機密費が使われたことは知っています」

「いつのことですか」

「小川平吉さんが扱ったと思う」

小川は政友会の代議士で鉄道大臣などをつとめた。後に首相になる宮沢喜一の母方の祖父に当たる。

「その機密費の具体的なやりとりについて話して下さい」

「〈小川さんに届けてくれ〉と近衛公は私に包みを渡した。近衛公は〈小川さんに届ければ、それが何であるかはわかるはずだ〉とだけ言った」

「小川さんから、その包みの中身と、どう使われるのかを聞いたのですか」

「何も聞かなかった」

「その包みの中身ですが、後になって知りましたか」

「何も聞かなかった。しかし、その重みと包みのサイズからして、それが重慶との交渉に使われるという事実から判断して、現金だったに違いない」

「その包みを届けた時に、小川さんから領収書のようなものを受け取りましたか」

「いいえ。何も。その少し後に、小川さんは亡くなってしまった。たぶん、半年ぐらい後でした」

小川の死は一九四二年二月のことである。

「あなたはその後、企画院で調査官をされました。その当時、軍部が機密費を悪用していると聞いたことはありましたか」

「それは広く語られていました。ほとんど常識でした」

この日の最大の目的をエドワーズが持ち出したのは、慎重な尋問をかなり重ねた後だった。

「あなたには安田銀行に勤める親しい友人がいますか」

「いいえ」

「あなたは何かご存じではありませんか、細川さん。安田銀行に勤めているという人による軍用機での飛行についてです。上海から東京への飛行です」

「知りません」

細川の返答は明らかに期待を裏切るものだった。しかし、信頼性に疑念を抱かざるをえない田中隆吉による情報ではない。若くて知的な元内閣書記官長、富田健治がもたらしたものだ。

エドワーズの尋問には力が入る。一気に踏み込んだ。

「あなたは知っているのではありませんか。陸軍の飛行機による東京と上海間の飛行です。被告人東条のために相当な金額の現金を運ぶのが目的でした」

「その銀行が安田だったかは覚えていないが、そのようなことを親しい友人から聞いたことを思い出しました」

「細川さん、上海へ飛行したのは何という名前の人ですか」

「飛行した人の名前を私は知りません。しかし、その金の提供者が里見であると聞きました」

「里見の名前は」

「覚えていない。聞いた話なので詳しくは知りませんが、里見は中国でアヘンを密売し、その金を作ったということでした」

この里見とは、今日では〈阿片王〉として知られる里見甫(はじめ)のことであろう。里見はこの当時、巣鴨に収監されていた。

「誰から聞いたのですか」

「川崎豊さんからでした」

「彼はどんな人物ですか」

「日本火災保険の重役でした。軽井沢で雑談をしていて聞いたのです」

「軽井沢、近衛公の別荘ですか」

「川崎さんの別荘でした」

「その雑談をしたのは、いつのことでしたか」

「一九四五年の夏だったのでは」

「その情報を、川崎さんはどこから得たのですか」

「その時に聞いた話は詳細だった。あまり覚えていないのですが……、そうだ、少し思い出した。東条は大金を作っていて、中国から巨額の金を運んだという内容だった」

エドワーズの目の色が変わった。

「それはとても重要な情報です。細川さん」

ついに獲物を見つけたとの思いだったろう。

「思い返してみると、話をしたのは東条内閣の末期のころでしたから、一九四五年の夏ごろというのは間違いで、一九四三年の夏のことだったと思う」

東条内閣の崩壊は一九四四年の七月のことである。だから一九四四年の夏でもなく、その前年のことだったという訳である。

「その飛行が行われたのは、いつごろのことでしたか」

「覚えていません」

「だいたい二億円が上海の銀行で集められ、ここ東京まで東条のために運ばれたのだろうと私たちは睨んでいる。私のこの考えは正確ですか」

それはもともと〈細川から聞いた〉と富田が話したことだったが、ここでの答えも期待に反するものだった。

「思い出すのは、これまで話したことだけです」

落胆している暇はない。問いかける。

「それでは、金額についてですが、〈巨額の金〉とだけ覚えているとあなたは話しましたが、あなたの認識で〈巨額〉とはどのような金額ですか」

「その当時に語られていたのは二〇億円にのぼるということでした。しかし、そんな金額ではないでしょう。語られるうちに話は大きくなるものですから」

この二〇億円は、今日なら明らかに兆という単位の金額である。

「東条の金を運んだ人物が、帰国するなり逮捕されたというのは本当ですか」

「私が聞いたのは、〈逮捕されたが、東条のための金と憲兵隊が知ると、すぐに釈放された〉というものでした」

「私たちは、その情報の事実を確認したいと、当時の憲兵隊本部の司令官と、東京憲兵隊の隊長を探したのですが、残念なことに二人ともまだ外地にいて、日本に戻っていないのです。もし私がこの件で話を聞きたいと川崎さんに手紙を書いたら、彼は協力してくれますか」

「協力すると思いますよ。彼も誰か別の人から聞いたのだとはと思いますが」

「あなたに対してフェアでありたい、細川さん。第一に、フェアであることは私の信条であり、第二に、あなたがたくさんのことを提示してくれたことに感謝します。川崎さんに話を聞くことは私の義務だと思っている。しかし、あなたが困るなら、あなたとこの件を話し合ったことは彼に伝えないようにします。あなたの都合のいいようにしますが」

探し求めてきた目的地がついに見えてきた。エドワーズはそんな思いがしたはずだ。

「それはご心配なく」

「軽井沢での件を話すことができれば、時間も節約できる。一九四三年夏に軽井沢で出た話だと説明できます」

「その線で話をして下さい。私は何も困りませんので」

「大変ありがとう」

翼賛選挙当選者・植松練磨

五月八日には植松練磨（とうま）がＩＰＳに出頭してきた。「翼賛選挙で陸軍の機密費からの財政援助を受けて当選した候補の一人だ。もし受け取りを認めない時には、あなたたちの前で植松と対決してもいい」と田中隆吉が啖呵（たんか）を切って尋問を勧めていた。

その根拠として田中は具体的なエピソードを提供していた。
「選挙が終わって間もなくのころ、軍人会館で開かれたパーティーで会った植松から、〈選挙資金として五〇〇〇円いただいた〉とお礼をされた。東条一派が選んだ候補に陸軍機密費を阿部信行が配分できるようにするのは軍務局長の権限だったが、植松は私を軍務局長だと間違えたのだろう。〈お礼なら私ではなく、軍務局長の武藤にするべきだ〉と伝えると、阿部の政治組織から五〇〇〇円を受け取ったと選挙運動の責任者から伝えられたことを植松は認めた。東条の一派は、この選挙では候補者を注意深く選ぶことで国会の支配権を手に入れようとしていた」

実に具体的で、当事者でなければ知りえないと思わせる具体的な内容を含んだ証言である。エドワーズにとって、翼賛選挙ルートでは最後の頼みといってもいい相手だった。

尋問が遅くなったのは植松が東京から離れた郷里の福島県相馬郡鹿島町に住んでいたからだろう。東日本大震災と東京電力福島第一原子力発電所の事故によって甚大な被害を受けた今日の南相馬市鹿島区にあたる。「空襲で東京の家を失ってからは、そこで暮らしています」と尋問で説明している。

この当時、植松は六四歳。海軍兵学校を卒業してから一貫して艦隊勤務。第一次世界大戦では地中海や大西洋への遠征にも参加し、満州事変に続く第一次上海事件では海軍陸戦隊の司令官をつとめている。歴戦の雄と呼んでいい経歴であり、これまで尋問を重ねてきた政治色の強い、あるいは官僚的な軍人たちとはかなり毛並みが違う。

少将で退役すると、一九三六年と翌一九三七年の総選挙に立候補した。相馬郡は福島三区で定数は三だった。民政党と政友会が二大政党だったが、植松は無所属での立候補だった。

二・二六事件が発生する六日前に投票された一九三六年の選挙では、六人が立ち、植松は五位に終わっている。『福島県史』は「海軍少将の植松練磨が出馬したのも、戦時色を反映したものといえる」と記している。

一九三七年の選挙にも六人が立ち、植松は次点の四位に順位を上げたが、三位の当選者の得票が一万三六五一票だったのに対して三〇〇〇票以上も届かなかった。

「当選したのはいつの選挙でしたか」

「戦争が始まった後の一九四二年の選挙でした」

「当選できたのは政党の所属を変えたからですか」

「翼賛政治会は私が議員になってから結成された組織だ。名前は複雑で覚えていないが、選挙の時にも組織があった。戦争が始まっていたので激烈な選挙を避けるために、選挙に立候補する人を単純にしようというもので阿部信行大将が代表だった。その組織によって、どの県でもたくさんの中からふさわしい人が候補に選ばれた。その時に、すべての政党はなくなったのだ」

この間の経緯を『福島県史』は次のように記している。

「この時の選挙は翼賛政治体制協議会が候補者を推薦するもので、当落は、ほとんどこの推薦にはいるか漏れるかによって事実上決定するというので、その公認を争って猛烈な運動が展開された。もちろん時局に批判的な人物や、自由主義的な立場をとる人物はすべて推薦選考会でふるい落とされ、旧政党人や時局に便乗する候補者が押しよせた。

本県の翼賛政治体制協議会支部は、本部推薦候補者の決定をめぐり、二昼夜もめつづけた結果、各選挙区とも定員より一名多い一四名にしぼり、断を本部に任す態度をとった。そして最終的に〈翼協推〉となったのは定員いっぱいの一一名である。

この前代未聞の推薦選挙に、政府や県・市町村当局は全面的に乗り出し、福島県庁前の大看板には〈戦果に恥じぬこの一票〉〈大東亜築く力だこの一票〉を高く掲げ、福島民報には連日の戦争記事にまじって〈棄権は翼選の恥辱〉の見出しで翼賛選挙の報道が大きく扱われた」

福島三区には七人が立候補し、植松は一万六四六三票と前回から六割も票を上積みしてトップで初当選を果たした。

「提督、阿部信行大将が代表をした組織を、あなたはどう考えていましたか」

「選挙の後に組織される翼賛政治会の基盤となる組織を準備するために、東条が阿部に人選を頼んだのだと思っている。それは新たなスローガンである〈一国一政党〉の実現だった」

「私の集めた情報によれば、東条といわゆる軍閥は選挙の候補者を注意深く選考することで、国会をコントロールしようと企んだようですが、この点について、あなたの考えはいかがですか」

「選挙の候補者選考の仕組みの裏側に、そのような考えがあったとは思わない。戦争なので選挙を単純にすることが一番の理由だったと私は思っている」

「時間を節約するために、否定的か、肯定的かで答えて下さい。提督、そうした候補者を選ぶ基準とは何だったとあなたは考えていますか」

「どんな基準が使われたのか、分からない。どのように候補者が選ばれたのかも思いつかない」

「あなたの場合、提督、彼らがあなたを選んだのはなぜだったと思いますか」

「私は二度の選挙で苦杯をなめたが、たくさんの票を集めた。だから私が選ばれたのだ」

「誰から、あるいはどの団体から、あなたは一九四二年四月の選挙の資金援助を受けたのですか」

「金は親しい友人たちから借りて、後で返した」

「提督、すべて友人から借りたもので、後で返したと理解していいのですか」

「そういえば、私はつながりもなかったが、私の運動をしている人が、阿部大将の組織から五〇〇〇円を受け取った」

エドワーズが追い求めてきた証言が、ついに当事者の口から飛び出した。翼賛選挙に立候補し、当選した政治家が、陸軍の機密費が原資と思われる五〇〇〇円を受け取ったことを自ら認めたのだ。

エドワーズは慎重に確認を求めた。

「植松提督、阿部大将が率いる団体組織から五〇〇〇円の献金があったと、選挙運動員があなたに知らせた時に、その金が陸軍省の機密費から出たものであると、あなたは知っていましたか」

返ってきた答えは検察官の予期した範囲をはるかに超えるものだった。

「当選した後、在郷軍人会の代表が軍人会館に招待してくれた。その時、田中隆吉将軍が、選挙運動のために、臨時軍事費から五〇〇万円を彼が阿部将軍に与えたと語った」

ええ……、そんなはずは……。エドワーズは明らかに動揺を来した。

「それは本当ですか。植松提督。あなたはその時に、田中将軍に会って、五〇〇〇円のお礼をしたのではありませんか」

「いや。その時、田中に聞くまで、その五〇〇〇円が臨時軍事費から出たものだとは知らなかった」

「田中隆吉は、その時は兵務局長だった。そうでしたね」

「その通りだ」

「そして、被告人武藤章は軍務局長でしたね」

「その通りだが」

エドワーズは気を取り直して田中から聞いた話を持ち出し、確認を求めた。

「こんなことはありませんでしたか、植松将軍。あなたの運動員で財政を扱っている人が、陸軍の機密費は軍務局ではなく、兵務局から来るものだと誤解していて、そのために兵務局長だった田中に対して、あなたが感謝したというようなことなのですが。

あなたがお礼を言うと、〈機密費は軍務局から出るものだ〉と兵務局長の田中が指摘したというようなことです」

植松は答えた。

「もう一度、私の理解していることを説明します。

私の友人は、〈政党があった時には、候補者はこのようにして金をもらっていたのだ〉と思ったのです。田中将軍に会った時に、その金が臨時軍事費から阿部に提供されたものであることを、私は初めて知った。その時に、その金を渡したのが田中なのか、武藤将軍なのか、そんなことを田中は何も言わなかった。私は軍務局の臨時費から出たと言ったが、私には臨時費と機密費の厳密な違いは分からない」

何かの間違いだろう……。エドワーズはそう思いたかったに違いない。

「植松提督、あなたは説明の中で臨時費という言葉を使われました。その説明の終わりに、その時にあなたは陸軍の臨時費と機密費の違いを理解していなかったとも言われました。私はカーチス中尉の通訳には絶対の自信を持っていますが、そうした言葉を通訳することは非常に難しいことであることを知っています。そうした用語の中には何通りかに翻訳が可能なものがあることを知っています。ここにある用紙の上の日本語の文字列をご覧下さい。私が臨時軍事費として理解している文字に注目して下さい。それはあなたが臨時軍事費として言及した資金ですか」

一つ二つの用語の問題とはとうてい思えない展開だ。

植松も答えに困った。

「私の記憶は乏しいが……、その金が臨時軍事費からのものだと田中が私に話したことはとてもよく覚えている。それと機密費が、どう違うのか、私には分からない」

調書には「植松提督はゼスチャーを伴い、通訳のカーチス中尉が示したものが、もともと植松提督の言及したものであることに同意した」との注記が残されている。

ここでエドワーズは小休止を宣言した。植松を呼び出した際に描いていた構図が根底から崩れてしまった。数多く重ねてきた尋問の中でも、間違いなく最大のショックだった。

気持ちが落ち着いたのか、問題点の整理ができたのか、五分後に尋問は再開された。

「植松提督、あなたの選挙運動で財政を担当した人が受け取った五〇〇〇円が、陸軍省の臨時費から出たものだったと知ったときに、あなたはどう思いましたか。第一に、陸軍省が臨時軍事費からあなたの選挙運動に献金してくれることを奇妙には思わなかったのですか。第二に、長年の海軍での経歴からして、その政府からの財政支援の提供についておかしいと思いませんでしたか。海軍の戦費か海軍の機密費から出た方がもっと自然だと」

「戦争に使われるはずの金が、選挙運動に使われるのは奇妙だとは思った。海軍ではなく陸軍からの金だったことについては、退役してから、さらに議員になってからは、自分を海軍から離して考えている。だからおかしいとは思わなかった」

「その軍人会館でのパーティーで、陸軍の臨時費からの金を受け取ったと初めて知った後、あなたは財政担当者に、受け取った五〇〇〇円が本当にそのような出所なのかを確認しましたか」

「選挙運動のために私が受け取った金の中に、阿部の組織からの金があって、それは私が田中と話をする前のことだったことは分かっていただけますか。いくらが阿部の組織から来たのかを私は知らなかった。それが臨時軍事費から来ていることは、田中と話をするまで知らなかった」

「国会に議席を得た後で、選挙の候補の運動費用をまかなうためにとても大きな額の機密費が使われたとの噂が流れていたのを耳にしましたか」

「そんな噂は聞いたことがない」

「それは少し奇妙ですね、提督。この選挙をめぐって、私はこれまで陸海軍の高官、政治家など二〇人以上の人たちの話を聞いてきました。その人たちは全員が、そうした噂が広まっていて、耳にしていたようなのです」

「そんな類の噂を聞いたことは一度もない」

「参考までにお知らせしますが、陸軍機密費の使用は腐敗と悪用にあふれていました。植松提督、時間も遅くなったので尋問は終わりにしますが、一つだけ質問をします。あなたは任官から退役まで、海軍省で勤務したことはなかったと話されました。私の推測が正しいのであれば、海軍省で機密費がどのように扱われていたのかを知らなかったのですか」

「その通りだ」

「最後の質問ですが、あなたが海上勤務をしていた時に、海軍機密費を使ったことはありましたか」

「煙草銭だとして毎月五円ほどを機密費からもらっていた」

どの時点の五円なのか定かではないが、今日なら一万円程度と考えていいだろう。

「よくわかりました。植松提督。ご協力に深く感謝します。尋問はここで終了します」

田中隆吉の証言と助言を頼りにエドワーズは尋問を重ねてきた。そしてついに念願の具体的な証言が得られたと思った瞬間に、前提のすべてが足元から崩れてしまう事実を突きつけられてしまった。

実は植松と田中には相当な因縁があった。満州事変を引き起こした関東軍は世界の目を満州から引き離したかった。そのために田中に命じて上海で紛争を作りだし軍事衝突に発展させた。そこに実戦部隊の指揮官として出動したのが植松だった。この第一次上海事変をめぐって植松は、田中を厳罰に処すべきだと主張していた。田中にとっては、その報復だったのかもしれない。植松の名前をＩＰＳに伝えたことが田中の正義感によるものだとは思えない背景である。

ともかく植松の話に嘘があるとも思えない。田中は自分の存在を大きく見せるために、マッチポンプのような言動を日常的に重ねていたのだろう。すべてが嘘というわけではないうえ、このレベルの情報を簡単に提供する人物がほかにいたとも思えない。もっともらしく響いたとしても不思議はないが、いくつかの証言を集めて比較してみれば、おのずから矛盾は露呈する。

エドワーズにとって衝撃の一日であった。

たどりついた情報源・川崎豊

第二次・第三次近衛内閣の書記官長だった富田健治の証言に始まった〈上海からの飛行〉をめぐる捜査は、近衛の秘書だった細川護貞の尋問を経由し、ようやく情報源の川崎豊にたどりついた。川崎は当時三四歳である。

尋問は五月一三日午後に行われた。

「あなたの家族は夏の家を軽井沢に持っていますか」とエドワーズは問いかけている。

「父が軽井沢に別荘を持っています」

「あなたは細川護貞を知っていますか」

「はい、よく知っています」

「一九四三年の夏の終わりごろ、その別荘で細川と話し込んだことを覚えていますか」

「そのようなことがありました。一九四三年の夏の後半、私はそこに滞在していました」

「それでは川崎さん、ご理解いただくために、経緯を説明します。

少し前のことですが、細川護貞さんに、今日のあなたのように私のオフィスにお越しいただき、私たちがとても強い関心を持っている特別な状況についての話をしました。いくらか長く話し込んだ後、あなたとも同じことを話し合いたい、と細川さんに提案しました。〈あなたのお友達から聞いたのですが〉といった具合に話すのがいいことだとは思いませんがと、細川さんの意向を確認すると、〈構わない〉と言ってくれました。それで今日、そのことを話し合うことにしたのです」

実に丁寧に経緯を説明している。

意を尽くした説明はさらに続く。

「川崎さん、一九四三年の夏が終わりに向かうころ、細川護貞さんはあなたのお父さんの軽井沢の別荘での社交的な集まりに参加していた。その集会の途中で、上海から東京へと陸軍の輸送機が飛行したという噂を聞いたとあなたは細川さんに話をした。飛行したのは安田銀行の社員で、彼が上海へ行ったのは、被告人東条のためにかなりの額の現金を運ぶためだったというものです。

その資金は里見という人が提供したもののようです。ところが、陸軍の輸送機で大金を携えて東京に到着するなり彼は憲兵隊に逮捕されてしまった。しかし、その飛行が被告人東条の金を運ぶためのものだったと知るなり、憲兵隊は即座にその人を釈放しました。

私はこの飛行のことを、最初は別の情報源から聞いたのです。その最初の情報源は〈細川護貞がたぶん何かを知っている〉と教えてくれました。私の職務は、そうした事件を知ったならば、さらに調べて、そのことを知っているとされる人だれからでも話を聞くことであることをご理解下さい。検察官が事実に到達する、それが唯一の道なのです。

文書の証拠の入手も検討しました。逮捕した人間を釈放しろとの指示が被告人東条から下された時に、憲兵隊が報告を作った可能性は相当に高いと考えています。しかし、その事件について作られた記録や報告は破棄されたと推測するようになりました。

ですから、この特別な事案については、あなたやその他にこのことを知っている人たちから得られる情報が頼りなのです。分かっていただきたいのは、今日ここにお越しいただいたのは、あなたはそのことを知っている一人であり、私たちの助けになると考えたからなのです」

これまでも威圧的な姿勢を見せることはなかったエドワーズだが、どの尋問よりもさらに低姿勢だ。何としても川崎の理解を得て、確実な証言を引き出したい。命じられてから三カ月、ここが捜査の正念場だとの切実な思いが伝わってくる。

あいまいな記憶

だが、川崎の記憶はあいまいだった。

東条の指示によって金は上海から東京へと空路持ち込まれた。翼賛会から国会を目指す膨大な数の候補者の選挙運動を財政的に裏打ちするための資金が必要だったからだ。だが、使ったのは陸軍の輸送機ではなく日系の中華航空の飛行機ではなかったか。定かには覚えていないが、この話は上海にいた誰かから聞いたもので、逮捕は東京ではなく、上海でのことではなかったか。それはそもそも中華航空の経営者が逮捕されたという話ではなかったか……。

エドワーズは問いかけた。

「思い出しませんか、川崎さん。その問題の飛行についての話を、あなたに最初に話したという上海にいた人が誰であったかを」

「その話はたぶん、上海事務所に派遣している社員が東京に戻ってきた時に聞いたのだと思う」

「彼の名前は」

「思い出せない」

「あなたの会社の記録で、彼の名前は調べられませんか」

「上海に事務所を持っていた会社は解散してしまいました。たくさんの社員が上海には派遣されていたので、それを調べるのはとても難しい。もともとその話は複数の人から聞いたもので、中華航空の経営者が逮捕されたということの話は、上海では広く知られていました」

川崎は第百銀行を軸とする東京川崎財閥の一員であった。神戸を本拠とし川崎重工を代表とする川崎財閥が造船重機中心であったのに対し、水戸藩の為替御用達に淵源を発する東京川崎財閥は金融コンツェルンであった。父の肇は日本火災の社長を長くつとめた損保業界の重鎮であり、その妻、つまり川崎の母は、帝国憲法の起草者として知られ農商務大臣、司法大臣などを歴任した伯爵金子堅太郎の次女であった。細川と軽井沢で話をしたとされる時点の川崎は帝国火災取締役の職にあり、その後、一九四四年に親会社の日本火災と合併すると、その常務となっている。

「手短にうかがいます。川崎さん、あなたの会社では、給与支払い台帳の保管はどうしていますか。従業員がどのぐらいの時間働いたかという記録をアメリカではつけています。何時間働いたのか、そしてそれぞれの時間についていくら払うべきなのかを記しているのです」

「現在の社員の記録は持っています」

「一九四四年に会社が解散した時に、現在の会社が資産と負債を引き継いだのですね」

「その通りです」

「現在の会社が、前の会社の記録や会計帳簿を引き継いだのですね」

「もとの会社は解散し、現在の日本火災海上保険会社になりました」

「わかりました、川崎さん。いくらか状況が見えてきました。解散して合併した後、関係する数多くの記録は、新しい会社、合併した会社に引き継がれたと思うのですが、それは正しいですか」

「しかし、現在の会社は焼けていて、特に古い会社の記録は焼けてしまったのです」

日本火災の社史は「昭和二十年三月九日夜半（午後十一時）から翌日にかけての米国空軍による空襲で、本店社屋は焼夷弾攻撃を受けて二・三・四階を除き罹災し、その際日本火災は多くの貴重な書類を失った。帝国火災の重要書類もまた多く地下室倉庫で水浸しになった」と記している。

「私はこれまで、とても素晴らしい日本紳士たちの話を聞いてきましたが、総じていえるのは、自分の友達を巻き込んだ事実の証言をしたがらないことに私は気づいています。それは名誉の問題であり、名前を出すことは紳士としてしてはいけないことだという人もいて、私の直面している本当の問題はこのことではと思っています。

川崎さん、あなたに報告をしたのが誰だったのかを思い出すことは可能だと思えるのです」

「何かを隠そうとしているのではありません。覚えていることは素直に話しています。いくらか前のことであり、本来は雑談ですから、その話の出所がどこだったのか、思い出せないのです」

「それなりの時間が過ぎてしまった時に、日時や名前を思い出すのが難しいのは誰もが経験してよく知っていることです。しかし今は一九四七年で、問題になっている出来事は一九四四年か一九四三年のことです。その報告の重要性と、それに対してあなたが感じた意味の重さから考えれば、それを思い出せないことの方が普通ではないように私には思えるのです。

法律家として私は、どうやら手間のかかる手続きをとらないといけないようだと気づきました。あなたの会社の記録を求めるためには、捜査員をあなたの会社に送って、記録や帳簿を調べ上げ、あなたに宣誓をさせたうえで、その報告を実際にしたのが誰だったのかをあなたに尋ねるのです。もっともしたくはないことであり、そうすればあなたの会社のビジネスに不必要な混乱をもたらすことになる。どうぞ私を誤解しないで下さい。私は職務を誠実に全うしているだけで、理解できない状況や反応に直面した時には、私の考えを知ってもらうしかありません。

そこでお尋ねします。残っている記録を調べることはできますか。その方向で思い出してくれますか」

エドワーズは苛立ちを隠せない。協力しないなら強制捜査だ、との婉曲だが明らかな脅しである。川崎も応じざるをえない。

「会社に戻って古い会社の記録を調べて記憶を新たにしてみます。しかし、ほとんどの記録は焼けてしまい、その目的を達成できないのではと心配だ」

「そうしていただければ、不都合な事態を防ぎ、不必要な仕事もしなくてすむはずです。ところであなたが聞いた報告では、何で憲兵隊は上海にまで出かけて逮捕したのですか。それとも、逮捕した憲兵隊は上海に駐屯していたのですか」

日本の法律や制度について、この程度の知識もないのでは検察官としては厳しい。川崎が説明する。

「日本の貨幣を中国に持ち込むことは禁止されていました。その法律違反だとして憲兵隊は逮捕したのでしょう」

「〈日本の貨幣〉というのは、軍の貨幣、軍票のことですか」

「私の言った〈日本の貨幣〉とは日本国内で使われているものです。その貨幣が大量に中国、上海では流通していました」

「あなたの聞いた報告によれば、被告人東条が相当な金額のそうした類の貨幣を上海から東京へと飛行機で運ぶように命令したのですね」

「その金を運ばせたのが東条なのか、それとも里見なのか、私は知りません」

「里見は東京にいますので、いずれ聞いてみましょう。あなたはどのぐらいの額と聞いたのですか」

この件で里見を尋問した記録は見当たらない。

「知りません。いくらだったのかは聞きませんでした」

「川崎さん、ほかにも何か知っていることはありませんか」

「現時点で思い出したことはすべて話しました。あなたのお役に立つようなことで追加することは何もありません。お役にたつ情報を提供できれば幸いですので、いつでも呼んで下さい」

「協力に感謝します。あなたの会社や前の会社の記録を調べることが可能だった時には、ご連絡いただきたい。あなたに報告をしたのが誰だったのかを思い出した時には、お知らせいただきたい」

「わかりました。記録を調べて、何らかの結論が出たら、あなたがお住まいの服部ハウスにお訪ねします。私の自宅から近いのです」

白金台にある服部時計店創業家の邸宅が服部ハウスである。日本国憲法が起草され、東京裁判の判決文が翻訳されたことでも知られるが、ＩＰＳをはじめ法曹関係者の宿舎として使われていた。

「それはいけません。ここのオフィスに来て下さい」

こうして、どうにか次への期待をつないで尋問は終わった。


最初の尋問から一週間後の五月二一日、川崎豊は再び市ヶ谷台に姿を見せた。

用件は強い要請を受けた記録の調査結果だった。

「残っている記録を調べてくれましたか」とエドワーズが尋ねると、「私は忙しかったので、社員に調べさせました」と川崎は説明を始めた。

「その結果は」

「前の会社の名簿はまったくありませんでした。しかし、調査をさせた社員は、その当時から人事を担当しており、会社が解散した時に社員に支払った記録を見つけ出したのです」

「そのリストから何かを思い出しましたか、川崎さん」

「ここにその名簿を持ってきました。問題となっている話を最初に私にしたのが誰かを、この名簿から推測することができました。部長だった田中だと思うのです。彼は中国にとても詳しく、その当時、たびたび中国と日本の間を行き来していた一人でした」

「彼、田中の現住所を知っていますか」

「会社の解散後、私は彼と会っていません。彼は終戦時には北京にいました」

「戦争が終わってから、彼の家族には連絡があったのでしょうか」

「彼の家族は長野に疎開し、リンゴ園をしています。田中は戻ってきていると思うのですが、彼の妻に尋ねればはっきりするはずです」

「それをしてくれますか、川崎さん」

「分かりました」

「とても感謝します。田中が最初にこの話をした時に、あなたはどこにいたのですか」

「定かには覚えていないのですが、東京の会社の事務所だったと思います」

「田中があなたにその話をしてから、どのぐらい後に、軽井沢のあなたのお父さんの別荘で社交の集まりがあったのですか。その話を、あなたが細川護貞さんにした時です」

「田中が、その話をしたのがいつだったのか、日時を思い出せません。田中は東京にいると毎日、事務所にやってきては四方山話をしていましたから」

「前回から今日までの間に、何か具体的な部分で思い出したことはありませんか」

「いいえ、何も」

「田中の奥さんと連絡がとれたら、知らせていただけますか」

「はい、そうします」

「感謝します。川崎さん。それでは、これで終りにしましょう」

この現金輸送をめぐる会話は、調べてみると細川の日記に記録されていた。

「朝、川崎豊君を訪問、談たま〳〵東条に及びたるに、彼は昨年中華航空にて現金を輸送せるを憲兵隊に挙げられたるも、直(じき)に重役以下釈放となりたることあり、是はその金が東条のものなりしを以てなりとのことにて、以前より里見某なるアヘン密売者が、東条に屢々(しばしば)金品を送りたるを知り居るも、恐らく是(これ)ならんと」

それは一九四三年の夏の終わりではなく、一九四四年一〇月一六日のことであった。サイパン陥落などの責任を問われ東条内閣が総辞職した三カ月後のことで、場所も軽井沢ではなく東京でのことのようである。

ＧＨＱの資料提出命令

エドワーズによる尋問は川崎豊を最後にぱたりと姿を消している。

その一方、資料確保をめぐる動きが忙しくなっていた。外務、大蔵、陸軍、海軍、内務の各省に機密費についての資料提出を求めていたもので、一九四七年五月二一日までに回答が出そろったが、陸軍省からのものは「アメリカ軍に押収され何も残っていない」との内容だった。

陸軍省の機密費こそがターゲットである。とても容認できる事態ではない。資料提出をＧＨＱから命令させようとエドワーズは動いた。五月二二日、その旨の要請がＩＰＳからＧＨＱに届けられた。五月二七日には、アメリカ陸軍が押収した資料についての報告が捜査部からエドワーズに届いた。「機密費の支出の詳細を記したと考えられる日本陸軍省から押収した資料が、どこにあるのかを技術情報隊で調べた結果を報告する。

その資料は、一九四六年一月に陸軍省から押収した。文書のかなりの部分は、満州での日常活動の厚いファイルであり、ワシントンに送られたが、約八〇〇冊あり、そこからあなたが求めるものを選び出すのは膨大な作業となる。

あなたがこれ以上の捜査を求めないのなら、現時点においては、この捜査は終了させたいと考えている。ご理解いただきたいのは、すでにお送りした報告で使われた様々な省の文書は、そのすべてが、あなたの要求に基づき特別に入手したものであることです」

表現こそ穏やかだが、「これ以上は無理だ」という捜査部の明確な意思の表示であった。

こうした状況の中、五月二八日、エドワーズの意向を受け、GHQは日本政府の窓口である終戦連絡中央事務局に命令を発した。

以下のようなものである。

案件・陸軍省機密費

一　日本政府は連合国軍最高司令官司令部国際検察局によって、日本政府が陸軍省に配分した機密費の金額を示す報告を提出するよう指令を受けた。一九三〇年から一九四五年までの期間の、予算に示された各年の配分額と、陸軍省が実際に受け取った金額を示すことを求める。陸軍省内での配分も明らかにするべきである。

二　報告は一九四七年六月四日までに提出するものとする。

陸軍省機密費の詳細を報告するようにと命じた五月二八日、GHQ民政局は「財政のあり方について」と題した談話を発表している。いわゆる「財政民主化宣言」である。新憲法に盛り込まれた財政民主主義の意義を訴えるもので、翌日の朝日新聞によると、以下のようなものである。

まず「旧憲法下の議会は国家財政を統制する機能が特に微弱であった。政府は議会開会中以外は勅令で必要な措置をとり得た。また議会が予算案の通過を拒んだ時は、前年度の予算を実施する権利を政府は持っていた」と旧憲法下での財政をめぐる制度的問題点を指摘し、「民主国ではこのようなやり方があってはならない」と指摘している。

「国民が払うべき税金を国民が承認すべしという原則が一二一五年、英国のジョン王のマグナカルタ（大憲章）によって打ち立てられて以来、両院制度では下院が財政問題に優先権を持つべきこと、国家支出を許可しうるものは立法府のみであること、政府に許された金を政府が支出する時、その使途は当初に定められた目的のみに限ること、会計検査院が行政部から独立して設けられるべきこと、などの諸原則が自由愛好者の何世紀にもわたる争闘の末に獲得された」と歴史を示し、「新憲法にはこれらの原則が明確に盛り込まれ、財政面での議会の権限は一挙に拡張された。第九二議会はこの新憲法の精神を具体化するため、財政関係の法律を改正」と新たな体制が整ったことを強調する。

さらに「日本はたえざるインフレにおびやかされている。政府費用が借入金でまかなわれ、その結果、赤字が貨幣化されるかぎり、これが物価の上昇の主要原因となる」と日本の財政制度の問題点を示し、「財政は国民の問題であるとの視点にたち、予算を統制し、紙幣の発行高を最小限度にくいとめる断固たる努力を払わねばならぬ」「こうした解決は政治的には人気がないが、インフレ解決を政治的な安易なものにまかすことは破滅の危険がある。やさしい方法は結局一番困難である。どちらの途を選ぶかは、国民が国民の代表を通じて決定するものである」と呼びかけている。

帝国憲法下の衆議院は三月三一日に解散し、四月には衆参両院の選挙が行われた。五月三日に日本国憲法が施行され、五月二〇日に第一回特別国会が召集されると、衆参両院は二三日に社会党の片山哲を首相に指名した。

財政民主化宣言は、そうした新しい国の仕組みのスタートというタイミングをとらえて出されたものだった。決定、配分、使用、監査とすべての段階において民主的手続きの欠落した機密費が、財政民主主義の原則に反する存在であることは言うまでもない。タベナーが捜査を命じたのは時代の要請でもあったのかもしれない。

日本政府の回答

機密費をめぐる陸軍省への命令は、締め切りを六月四日に設定していた。

その翌五日、報告が届いたとの連絡が捜査部からエドワーズにもたらされた。

「まだ翻訳させていないが、機密費に関連する文書はすべてワシントンに送ったと彼らが言っていた事実から考えて、この報告の翻訳を見るのは楽しみで、できるだけ早く完成することを願っている」との捜査員のメモ書きが添えられている。

翻訳は六日にできあがった。左のような表である（表2）。

出所が同じなのだから当然ではあるが、先に示した会計検査院の資料と一致する。満州事変が勃発した一九三一年、日中戦争（支那事変）が始まった一九三七年、そしてアメリカ・イギリスなどとの戦争に踏み出した一九四一年という三つの年を境に急増し、戦争の拡大、激化に伴い雪だるま式に膨らんでいったことをよく示している。

関東軍参謀長の小磯国昭に支出された一九三三年の七八八万円という金額の存在感が浮かび上がっ

表 2　陸軍省の Secret War Funds（機密費）（単位：円）

会計年度	予算配分額	実際受領額	省内配分額
1930	562,025	308,525	
1931	8,113,950	8,108,350	
1932	12,333,950	12,329,405	
1933	10,334,405	10,334,405	
1934	7,534,405	7,534,405	
1935	7,384,405	7,384,405	
1936	7,334,405	7,274,405	
1937	27,719,755	27,719,755	9,920,424
1938	45,309,849	45,089,669	
1939	27,350,991	27,350,991	
1940	26,127,452	26,088,172	
1941	42,040,706	42,013,688	12,251,100
1942	46,549,157	46,549,157	
1943	48,169,462	48,169,462	5,717,450
1944	125,494,375	125,494,375	7,962,000
1945	388,742,849	388,742,849	47,020,000
Total	831,102,142	830,492,019	

（注 1）陸軍省内の配分額とは，陸軍次官への支払い額．陸軍省内の実際の配分は，上記の額の範囲内で，そのうちの幾分かは配下の部署に直接支払われたが，その詳細は不明である．

（注 2）陸軍省内での配分のうち，臨時軍事費単独からのものと，一般会計からのものとの内訳は不明である．

（所見）文書には戦時中に火事で焼けてしまったものがあり，旧陸軍省での調査は不可能と判明した．そのために，会計検査院に提出された文書を調べた．しかし，会計検査院でも関連する資料が失われているため，これ以上の成果は期待できない．

てくる。陸軍省予算班長だった稲葉正夫の「満州事変の前は年間三〇万円だった」との説明も、戦争末期に陸軍次官だった柴山兼四郎の「一億円ほどだった」との証言も納得できる数字が並んでいる。

本書の冒頭に示したように二・二六事件(一九三六年)の時に首相だった岡田啓介は「陸軍の機密費は百万円(中略)くらいだったかナ」と述懐しているが、岡田が首相だったのは一九三四年から一九三六年であり、その間の陸軍の機密費は七〇〇万円台で推移していた。海軍出身の岡田は首相ではあっても陸軍機密費の実態を知らなかったことを物語るのだろう。

当時の陸軍の月給は、師団長に当たる中将が四八三円三三銭、連隊長をつとめる大佐が三四五円八三銭、少尉が七〇円八三銭、軍曹が三〇円であり、二・二六事件のあった一九三六年の七三三万円は巨額である。二等兵なら八一万四九三三人分の月給をまかなえる額である。機密費が陸軍内の派閥を、そして政治を突き動かしたと岡田が考えたのは〈一〇〇万円〉を大金と認識していたからだろうが、実態はそれよりもはるかに巨大だったのだ。

上海ルート解明の断念

エドワーズはこのほか、ワシントンにある押収資料のうち、関連する部分を写真に撮って航空便で送ってほしいなどと要請している。

その一方で、内閣書記官長の富田健治に始まり、首相秘書だった細川護貞、その友人の川崎豊と熱を込めて尋問を重ねた「上海から空輸された東条の秘密資金」には見切りをつけた。

「アヘン密売による疑いのある資金の東条への輸送に関する情報」との文書をエドワーズは六月一

二日付で捜査部へ送っている。以下のような内容である。

「機密費の捜査に関連した尋問の過程で、かなりの金額の円が、上海から東京へ東条被告のために空輸されたことが明らかになった。この資金は中国でのアヘンの密売で得たもので、中国から東京へ、東条被告が個人で使うために空輸されたものだろうと尋問を受けた情報提供者は疑っている。

さらに幾人かの日本人を調べたが、信頼できる情報を得ることはできなかった。

この件で田中隆吉と話し合ったところ、いくつかの情報を提供してくれた。

ロシアに抑留されている塩沢清宣中将は東条の側近で、東条が政権にあった当時、大東亜省北京駐在公使であり、（中国でのアヘン密売の中心人物とされる）里見甫と親しい友人であった。

田中は兵務局長を辞めた後に、東条のために上海から東京へ金が運ばれているという噂を聞いた。しかし、東京―上海間は厳しい監視下に置かれていた。アヘン取引からの金を東条が受け取っていたとしたら、その金は上海から北京へと運ばれ、多くの部分は塩沢が運んだはずだと田中は考えている。

大東亜戦争が始まると、ペルシャからのアヘンが途絶えた。蒙古アヘンを北京の興亜院が扱い上海へ送って売ることで、この北京の機関は莫大な利益をあげた。こうして作られた資金は機密費にすることができた。塩沢の下、北京で働いた人間の名前は簡単に分かるはずだ」

苦労して集めた情報を伝えてエドワーズは捜査部にこの件の処理を丸投げしてしまった。

「ここに示した男たちを呼べば、東京へ送った金額が判明するはずだ」とも記している。

強い意欲を示していた上海ルートを断念してしまった。なぜだったのだろう。

東京裁判では弁護側の反証が進んでいた。エドワーズが捜査を命じられた直後の二月二四日に総論ともいえる第Ⅰ部門「一般問題」を皮切りに弁護側の反証が幕を開けると、検察側の主張に対する激しい反論が展開されていた。三月一八日に第Ⅱ部門「満州満州国関係」、四月二二日に第Ⅲ部門「中華民国関係」、五月一六日に第Ⅳ部門「ソビエト連邦関係」へと進み、エドワーズが上海ルートの捜査断念を捜査部に伝えた六月一二日には最大の山場である第Ⅴ部門「太平洋戦争」の反証が始まった。第Ⅵ部門は「留保・追加立証」とされており、それが終われば、被告人ごとの個人反証が待ち構えている。エドワーズは満州事変の首謀者の一人で陸軍大臣などを歴任した板垣征四郎の担当なのだが、機密費の捜査に没頭し準備に手が付いていなかった。

六月に入ったころから、機密費の捜査を早く終結させ、それまで集めた情報を報告するようにと、エドワーズはしきりにタベナーから求められるようになっていた。

法廷は六月一九日に第Ⅴ部門の第一部「三国同盟関係」の反証を終えると、裁判長は六週間の休廷を宣言した。

ところが翌六月二〇日にワシントンから届いた指令は、ＩＰＳに大混乱をもたらした。首席検察官ジョセフ・キーナンが、巣鴨に拘禁を続けながら起訴していないA級戦犯容疑者についての報告を求めてきたのだ。一人ひとりについて起訴状の草案を作って二週間で報告しろ、との命令だった。新たに訴追するのか、それともこれ以上の裁判はしないのかの判断を迫られるようになっていた。対象者は八〇人ほどに上った。唐突な命令であり、ＩＰＳでは強い不満の声があがったが、巣鴨プリズンでの尋問と調査に検察官はこぞって駆り出された。

機密費の資料は検察側立証の最終段階で補充的な証拠として持ち出されたものだった。捜査を命じられたエドワーズは、その灰色の公金の闇の深さに惹かれるようにのめりこんでいったのだが、ＩＰＳにはそのような捜査を許すだけのゆとりがなくなっていた。

8 捜査迷走の背景

市ヶ谷台の法廷での裁判は六月二〇日に六週間の休みに入ったが、ＩＰＳの検察官たちはワシントンへの報告のための作業に忙殺されていた。

ちょうど端境期に当たり、日本社会では食料不足、なかでも主食の配給遅れが深刻になっていた。遅配をすぐには解決できないので、不公平感のないように遅配を平均化するとの緊急対策を、政府は七月に入ると打ち出した。飲食営業緊急措置令も実施され、主食を提供できるのは外食券食堂だけになった。多くの日本人は空っぽの腹を抱え、その日を生きるのに精いっぱいだった。

東京裁判再開

裁判の再開が一週間後に迫った七月二九日、捜査部門の責任者であるデビッド・サットンからの事務連絡が全検察官に届いた。

以下のような短い内容である。

　案件：機密費

エドワード氏が、彼の特別任務である機密費についての捜査を終了した。彼によって行われた尋問調書は、三八六号室の捜査部のファイルに入っている。尋問で登場した人物や被告人に関連する事実について確認するために、各被告人を担当する検察官に出す照会の準備を進めている。報告が完成すれば、特別研究のファイルに収められることになる。

だが翌三〇日、サットンに届いたエドワーズからの連絡は、いくらか方向性が違っていた。

案件：昭和通商（日本陸軍）
　万和機関（日本海軍）
児玉誉士夫（こだまよしお）に対する最新の補充の尋問で、日本帝国の陸軍と海軍が、重要な軍需物資を獲得するためのダミー会社を持っていることが明らかになった。合法、非合法の両方のチャンネルで物資獲得の業務を担った会社で、その名前を冒頭に示した。

児玉から情報を得たのに加え、それらの会社の組織と機能についての情報を可能なだけ集めるよう捜査部に依頼した。

あなたの検討のために、フレッシャー中尉が七月二五日にまとめた昭和通商と万和機関についての研究を添付します。フレッシャー中尉の報告は出色の出来で、数日前に私が手渡した児玉の尋問調書が含んでいる情報を検討する格好の素材となるはずです。

タベナー氏とクイリアム准将、そしてあなたと私の間で、先週達した結論に沿いながら、児玉の尋問調書と二通の日本語の陳述書を合わせると、この二つの会社の活動の真相を解明するために、どのぐらいの力を入れて調べを進めるべきかについての方向が見えるはずです。

クイリアム准将はニュージーランド政府が派遣した検察官である。サットンが残したメモによると、機密費をめぐる捜査で、巣鴨プリズンにいる児玉誉士夫をエドワーズが尋問したところ、検察・弁護のどちらにも明らかにしたことのない情報を持っていると児玉はほのめかした。そのために、エドワーズは、七月二一日と二三日の二度にわたり児玉を尋問。その結果、陸軍の昭和通商、海軍の万和機関(正確には万和通商)という、物資調達のための二つのダミー組織が浮かび上がってきた。エドワーズは、その二つの組織を徹底して捜査するべきだと提案したのだった。エドワーズの関心は機密費という枠を超え、さらに奥深い闇へと向かっていた。

資料をサットンはクイリアム准将にも送付しているので、検討はしたのだろうが、ワシントンからの指示に対応するため組織を挙げてそれまでの捜査の再検討を進めているさなかのことだ。一人だけ独自の道を目指すエドワーズの提案が採用された形跡は見当たらない。

これ以降、被告ごとに尋問の要約をエドワーズはせっせと作り、担当する検察官に届けている。

八月四日には佐藤賢了の要約を作っている。

「佐藤が笹川良一に金を渡すのを見た」と田中隆吉が証言したので笹川を尋問したが、見解が違うので田中と笹川を対決させたといった一連の報告である。経緯が詳細に記されており、それなりの分量なのだが、受け取った検察官は首をかしげるしかなかっただろう。エドワーズが仕事をしていたことはわかったが、裁判で使えそうな情報は何も含まれていない。

八月七日には東条英機についての要約をまとめている。八月八日には、誰の調書のどの部分に、どの被告に関連する話が出ているかをまとめている。

そうした作業は八月一九日の「東条と武藤」という要約まで確認できる。

夏の暑さも盛りの時期、エドワーズは自分が重ねてきた尋問の速記録を読み返し、サマリーを作ることに明け暮れていたようである。

前年の一二月から東京を留守にしていた首席検察官キーナンは、八月一〇日に日本に戻ってきた。六週間の休廷を終えた法廷は八月四日に再開していた。弁護側の反証は第Ⅴ部門「太平洋戦争」の第二部「連合国の対日圧迫」から第Ⅵ部門「留保・追加立証」へと進み、九月一〇日には荒木貞夫を皮切りに個人弁護が始まった。

エドワーズは九月一一日に、荒木を担当する二人の検察官に宛てた報告を書いている。「小磯から荒木へとされる〈Secret War Funds〉のキックバックについて」とのタイトルがついている。「最終報告はまだ完成していないが、荒木が証言台に立ったという事実から判断し、以下に示す情報に注意を向けてほしいとの思いに至った」と書き出している。

陸軍大臣だった荒木が、関東軍参謀長だった小磯に強要して、機密費から一〇〇万円を送金させたという田中隆吉から聞いた話を紹介し、「荒木への反対尋問の中で使用することが可能だ」と提案する内容だ。エドワーズの捜査活動をめぐりＩＰＳに残された記録は、この九月一一日の報告が最後である。荒木貞夫の個人反証は九月一六日まで続いたが、エドワーズの提案が採用された形跡を速記録に見つけることはできない。

荒木の反証と日程が重なるようにアメリカ軍がキャスリーンと名付けた大型の台風が日本を襲った。戦争によって社会インフラの破壊された日本には過酷な天災で、利根川が決壊するなど関東地方は大水害に見舞われ、死者・行方不明者が二〇〇〇人に迫るという甚大な被害をもたらした。

以後、土肥原賢二、橋本欣五郎、畑俊六……とアルファベット順に弁護側の個人反証は進み、エドワーズが担当するはずだった板垣征四郎の反証は一〇月六日に始まり、一〇月一〇日に終了した。

その翌一一日には、闇取引の食料を拒み、配給だけでの生活を守った山口良忠判事が栄養失調のため三三歳の若さで死亡している。東京の裁判所で主に食糧管理法違反事件を担当していた山口判事の餓死は、〈法を守ると生きられない〉〈それでも法に従おうとする人がいる〉――と社会に大きな衝撃をもたらした。

敗戦から三度目の秋を迎えても、日本社会は依然厳しい欠乏と深い混迷の中にあった。

IPSの貧弱な捜査体制

エドワーズの捜査結果が、東京裁判の審理に用いられることはなかった。機密費の核心部分に迫れなかったからだが、どこに問題があったのだろう。

二〇〇一年に警視庁が摘発した外交機密費横領事件と比較しながら検討してみよう。

まずは捜査態勢である。

警視庁が立件のための態勢を本格的に整えたのは、外務省が問題の室長を告訴するという手続きを踏んだ後のことだった。誰が犯人なのかわからないという性格の事件ではなかったが、一二〇人という捜査員を動員している。

それでも捜査は難航した。

この事件を追った歳川隆雄氏は著書『機密費』のなかで、次のように記している。

「捜査の難しさは当局の予測を超えるものだった。その大きな理由の一つは、機密費そのものの性格にある。まず領収証が不要とされているため、M(告訴された職員。原著では実名)が扱った機密費の出入りを裏づける物証自体が極度に少ない。

次に、金額が巨大なことだ。Mが要人外国訪問支援室長在任中に官邸から引き出した官房機密費は九億六千万円にのぼり、常時数億円の機密費がMの個人口座を出入りしていた。しかも、その個人口座は二十口座以上に及ぶ。これらを一つ一つ確認し、精査するのは大変な作業になる。

(中略)Mの機密費詐取の主な手口は、首相外遊随行団の宿泊費補塡分を水増し請求するというものだったが、では実際の宿泊費はいくらで、それをどういう方法で支払ったのかということを調べるだけでも、膨大な手間と時間がかかった。

ホテルが外国にあるうえ、ホテル代もMがクレジットカードで支払ったり、随行団員一人一人に現金で手渡したり、精算方法がまちまち。しかも、Mはホテル代を一括して支払う代わりに値引きさせるということもやっており、宿泊費請求分と実費との差額もなかなかはっきりしない」

業務上横領容疑で告発した外務省が非協力的で捜査を難しくしたという。

「業務上横領罪で立件するためには、外務省側から関係書類を提出してもらわなければならない。だが、〈関係資料の提出を求めても、書類名が一字でも違えば《該当書類はない》という答えが返ってきた〉(捜査関係者)というようなことが多く、官邸のほうもその点では同様だった。(中略)犯行を裏づけるためには当然、外務省の関係セクションの幹部や職員の事情聴取が必要だったが、警視庁の要請に対して〈多忙〉〈海外出張中〉などの理由で聴取に応じないケースが少なくなかった。

このようないきさつで警視庁の事件捜査は難航を重ね、外務省のM告発から一カ月以上経っても強制捜査（M逮捕）にこぎつけることができなかったのである」

外交機密費捜査に立ちはだかった困難の多くは、エドワーズにも共通していた。裁判の性質が違うので、警視庁のように詳細、念入りに証拠を揃える必要はなかったとしても、捜査対象の金額はエドワーズの方がはるかに大きく、関わった人間の数も多かった。言葉の壁に加えて、理解しなくてはいけない制度や仕組みの違いも大きかった。本気で立ち向かうには決定的に人員が不足し、態勢が貧弱だったのは間違いないだろう。

正体不明の獲物・機密費

同時に問題だったのは、〈機密費とは〉何かをエドワーズが把握できなかったことだ。追い求める獲物の正体を、エドワーズは最後まで描き出すことができなかったように見える。

そもそも〈機密活動の費用〉とはどの程度必要なものなのだろうか。

日本の歴史の中で、最も成功した諜報・謀略活動とされる日露戦争における明石元二郎（あかしもとじろう）大佐の事例をもとに考えてみよう。

帝政ロシアの反体制派に資金や武器を提供しロシア国内を攪乱した明石の活動は、日露戦争の勝因の一つに数えられている。明石は報告書を残しており、具体的にどのような活動をしたのかを知ることができる。

戦争が始まったのは一九〇四年二月。その直前に明石は〈反ロシア運動家たちを扇動し、同時にポーランド人を利用して武力抗争を起こせ〉との命令を受けた。ストックホルムを拠点に、反戦活動や反政府運動の支援、扇動を進めた。フィンランド、ポーランドなどロシアの支配下にあった国や地域は多く、そうした民族との共同戦線を目指した。ポーランドでは徴兵や動員に反対する暴動が各地で発生し、極東に動員するはずの三〇万のロシア軍が釘付けにされた。一九〇五年になるとサンクトペテルブルグで市民の行進に政府が発砲する〈血の日曜日事件〉が起こるなどロシア社会は動揺する。

情報収集のために明石はスパイを雇っている。当初はロシアの旧将校たちからスパイを紹介してもらったが、スパイ活動を純粋に金銭活動と割り切る人間のほうが熱心に働いてくれることを知り方針を変えている。ロシア人将校一人を五〇〇円で買収したと具体的な金額も記録されている。

武器も調達した。バルト海方面に送ったものが小銃一万六〇〇〇挺、弾丸約三〇〇万発、拳銃三〇〇〇挺、弾薬三トンに上る。黒海方面には小銃八五〇〇挺、弾丸一二〇万発などを送っている。購入したのがスイスだったのでオランダのロッテルダムまで運ぶのに鉄道を使ったが、貨車八両に上った。そこからいったんロンドンへ送り、フィリピン向けの貨物を装い運び出し、それを英仏海峡で別の船に積み替えた。梱包用の箱を大量に作ったうえ、銃は一挺ずつ拭いてグリースを塗った。税関などの官憲の目を欺くためだが、実に手が込んでいる。陸揚げのために蒸気船を二隻購入し、その船主としてアメリカ人女性の名義を借りている。相当な経費が必要だったろうとのイメージが浮かぶ。

明石の活動は、戦争が終わりポーツマスで講和条約が調印される一九〇五年九月まで続いた。日露戦争での陸軍機密費の総額は二〇〇万円で、そこから一〇〇万円が明石に与えられたが、二七万円を使い残し持ち帰っている。

この一〇〇万円を、「今の価値では四〇〇億円以上」とする記述もインターネット上には見える。明治日本が命運を賭け全力で挑んだロシア帝国との戦争であり、その帰趨を決したとされる重大な工作活動である。そのぐらいは必要だったはずだとの思いがにじむ金額だが、今日との貨幣価値の差を四万倍以上と見ることになる。

だが、日露戦争が始まった一九〇四年の物価を見ると、米一〇キロの小売価格が一円一二銭であり、たばこのゴールデンバットが一箱四銭、ビール一本二〇銭前後で、銀行の大卒初任給が三五円ほどである。四万倍とすると、米一〇キロが四万八八〇〇円、たばこが一箱一六〇〇円、ビール一本が八〇〇〇円で、初任給は一四〇万円と見ることになる。生活の実感とは大きくかけ離れている。

それに対して物価の変動指数を見ると三三〇〇倍ほどであり、米一〇キロが約四〇〇〇円、ゴールデンバット一三二円、ビールが六六〇円となる。直接比較できそうなものを探すと、一九〇七年に三省堂が刊行した国語辞典「辞林」が二円で、今日の「大辞林」は七八〇〇円である。総理大臣の年俸は九六〇〇円だったので、四万倍の三億八四〇〇万円よりは、物価指数換算の三一六八万円のほうが今日の金銭感覚にずっと近い。

明石の使った工作資金はどうやら神話化しているイメージほどには巨額でなかったということなのだろう。今日なら三三億円を工作資金として与えられ、そのうち二四億円余を使ったというぐらいに考えてよさそうである。

その明石の工作資金をエドワーズの捜査対象の機密費と比較してみよう。

一九三四―三六年を一とする物価指数で、一九〇四年は〇・五三〇である。明石が受け取った一〇〇万円は一九三四―三六年なら一八八万円に、実際に使った七三万円は一三七万円ほどに相当することになる。

一方、関東軍参謀長だった小磯国昭への支払い記録が残っていた一九三三年の指数は〇・九五一であり、一九七万円は二〇七万円に相当する。

日露戦争の一九カ月間に明石が使った反ロシア工作活動費の総額は、小磯が三カ月分として受け取った機密費の七割程度であり、一年間に機密費名目で関東軍に支出されていた金額は、明石が使った工作活動費の五・七倍だったことになる。

昭和初期の謀略資金としては、A級戦犯に問われた橋本欣五郎が手記の中で満州事変のための資金調達を明かしている。参謀本部のソ連班長だった橋本は、関東軍参謀の花谷正から依頼を受け、政界のフィクサー的人物から五万円を借り関東軍に送ったのだという。

田中隆吉は第一次上海事変の裏面を暴露している。満州事変の勃発直後に、欧米の険しい視線を逸らすために、各国の利害が絡む上海で騒ぎを起こせと関東軍から依頼を受け、上海駐在の武官補佐官だった田中が謀略を仕組んだ。工作費として関東軍から与えられたのは二万円。それでは足りないので鐘紡の上海出張所から一〇万円を借り、雇った中国人に一九三二年一月、日本人僧侶を襲わせ、日中間の軍事衝突へと発展させたと田中は記している。その混乱に乗じ関東軍は三月一日に満州国の建国を宣言する。ちなみに盧溝橋事件に続き一九三七年に発生した軍事衝突が第二次上海事変である。

尋問を受けた文官たちは〈軍の謀略・工作活動には大金が必要だった〉と口をそろえて語っていたが、

昭和の帝国陸軍はそうした活動に必ずしも気前よく大金を投じてなどいなかったようである。

振り返ってみれば、満州事変もその後の戦争も軍人たちが作り出した国際緊張、軍事紛争であった。危機を煽り立て、ひとたび軍事行動を起こしてしまえば、現地の実態を軍人以外が把握することは不可能なままに巨額の戦費があふれ出していた。そのおこぼれが満遍なく滴り落ち、それも好きに使えるとなれば、〈もう止めよう〉との声を出しにくいのも不思議ではなく思えてくる。

政府や軍の高官を次々と呼び出し尋問を重ね、日本政府からもいくらかの資料を手に入れたエドワーズだったが、捜査の報告をまとめることもできないままもがき苦しんでいた。何か手がかりはなかったのだろうか。

実はこの時、機密費についてとても詳しいであろう人物が身近に存在していた。エドワーズは知らなかっただろうし、気づいたとしても教えを請うわけにはいかなかっただろうが、タベナーらＩＰＳの検察官が日々、法廷で対峙していた弁護団の副団長で東条英機の主任弁護人だった清瀬一郎である。

戦後に衆議院議長までつとめる清瀬は、その人生において衆議院選挙で一四回の当選を果たし、大正末から昭和初年にかけては陸軍機密費の濫用を厳しく追及していた。その時期、清瀬は護憲三派の一つの革新倶楽部に所属していた。普通選挙や軍縮、ソ連の承認などリベラル色の強い政策を掲げた政党で、治安維持法をめぐり革新倶楽部が分裂すると、左派の会派、新正倶楽部に籍を移した。

田中義一をめぐる疑惑

その清瀬が追及したのは陸軍大臣から政友会総裁に転じた田中義一をめぐる疑惑であった。今日では知る人も少ないが、金額、登場人物、舞台回し……どの観点からしても、機密費をめぐり表面化した史上最大の醜聞である。

田中義一は陸軍で最強の勢力だった長州の出身。とはいえ軽輩士族の出で、給仕、書生と苦学して陸軍に入った。陸軍大学を出てロシアに留学し、日露戦争では作戦参謀として名を挙げ、軍務局長、参謀次長と出世を重ね、しだいに長州閥の代表的な存在となった。そして第一次世界大戦が終結する一九一八年(大正七年)に原敬内閣で陸軍大臣になると、異論もある中、シベリア出兵を推し進めた。

清瀬が追及したのは、田中が深くかかわった〈大正三年臨時事件に関する臨時軍事費特別会計〉の決算であった。第一次世界大戦に始まりシベリア出兵までを賄った一連の臨時軍事費の特別会計である。決算が国会に持ち込まれたのは一九二七年であった。特別会計の設置から実に一三年を経過し、元号も改まり昭和二年のことである。

清瀬の批判を議事録にたどってみよう。

三月二四日、舞台は衆議院の決算本会議である。金融恐慌の口火となった片岡直温(なおはる)蔵相の「東京渡辺銀行が破綻した」との失言があった一〇日後のことで、国会は紛糾、混乱し、憲政会の若槻礼次郎を首班とする内閣は政権末期の様相を強くしていた。田中義一は野党政友会の総裁として次の政権を視界に入れる立場であり、翌月二〇日に田中内閣が誕生する。

次期首相の最有力候補という立場の田中に、清瀬は噛みついていた。

「諸君」と壇上から呼びかけた清瀬は、「私は今議題と相成っておりまする決算中、臨時軍事費特別会計の中で使われましたる陸海軍の機密費二六一八万九九二九円、それから露軍援助費の名目の下に使われております三七万五八〇一円七五銭五厘之を以て不当の支出なりと致し、また附帯決議全体に対しては、不満足の意思を表する者であります」と演説を始めている。

この二六一八万円は、一九二七年段階の物価指数をもとに考えると、今日なら四〇〇億円超に相当する。なお海軍分は一七一万円であり、ほとんどが陸軍の機密費である。

機密費にとどまらず、この特別会計全体に問題があったと清瀬は具体例をあげて指摘する。

植民地の朝鮮で独立を求めて一九一九年に発生した三・一事件の鎮圧に、この臨時軍事費を使って軍隊を動員し、「手を合せて命を助けてくれと言った同胞を打殺した」と指弾。同じ一九一九年には一六九〇万円を投じて四四万石の中国米を購入していた。朝鮮米も一三万二〇〇〇石買い入れていた。軍人には日本米しか食べさせない決まりなのに、何のためだと疑問を投げかけた。

シベリアからの撤兵は一九二二年に完了したのに、その後の二年の方が被服費、兵器費、物件費は増えていた。残っていた予算を使い果たすために特別会計を終了させずに日常の備品を買い込んだものだと指摘し、通常の軍事費でまかなうべきものであり、認められない濫用だと批判した。

ハバロフスクの銀行で入手した一〇〇万ルーブルの金塊が行方不明になっている。精算されないままの軍票が一九万四〇〇〇円もある。靖国神社臨時大祭特別寄付金という名目で支出した二四万円が、陸軍大臣の個人名義で銀行に預けられ金利を得ていたとも指摘している。

特別会計全体が無法のブラックボックスという状態だったようである。

そうした状況の中、清瀬は機密費を〈不当〉と決めつけた。全体が灰色の特別会計の中でも真っ黒の部分という見立てである。

「結局日本の軍部巨頭が議会を瞞まし、議会を欺き、国民を欺いて、露軍を計画的に援助した期間というものは、大正七年（一九一八年）の一二月から大正九年の二月であって、気の毒であるがちょうど田中義一君が陸軍大臣であった時代であります。これがまことに不思議である。そこでこの田中義一君の時代、即ち大正七、八、九の三カ年に、機密費目を以て露軍を援助した金は、二二一一万円ということになっておる……」

いよいよ核心部分に差しかかり、演説には一段と力がこもったのだが、議場は騒然としてきた。〈この時発言者、離席者多く議場喧囂を極む〉と速記録にはあるが、混乱の具体的な様子を清瀬は自ら出版した演説集の中で以下のように記している。

〈多数議員演壇に駆け上り坂井大輔、清瀬君の咽喉を扼し、堀切善兵衛君その頭部を乱打し、吉良元夫君、三善清之君、参考書類及演説原稿を奪いてこれを寸断し、議場修羅場と化す〉

議長　諸君ご着席を願います――ご着席を願います――ご着席を願います。

〈議場騒然、議長号鈴を鳴らす〉

議長　休憩いたします。

四時間半後に会議は再開されたが、〈議場騒然〉〈発言者多し〉という状態で、「静かにお聴きを願います」との指示に従わない議員に議長は相次ぎ〈退場〉を命じた。しかし、清瀬が登壇しようとすると〈議場騒然、多数代議士清瀬君の登壇を妨害〉し、さらに政友会は清瀬に対する懲罰動機を提出。混乱は収まらず、清瀬は演説を再開できず、議長は責任を取って辞職する事態に発展した。

政界進出の資金

「政友会を傷つけ、吾々の総裁を傷つけ泥仕合を繰り返す陰謀。帝国の軍機を漏洩するものだ」と懲罰動議の理由を政友会は主張しているが、そこまでして清瀬の演説を妨害、阻止しなければならなかったのはなぜだったのだろう。

そこには、いくらか長く複雑な伏線があった。

田中義一の疑惑をめぐっては松本清張が「陸軍機密費問題」という作品を残している。東京五輪が開催された一九六四年に週刊文春で連載が始まり、足かけ八年続いた「昭和史発掘」の第一回を飾った作品である。そこから紹介しよう。

「生来が単純な男で、しかも、あけすけな性格だった」という田中が突然、軍を引退し、政友会の総裁に就任した背景を清張はこう説明する。

田中が（中略）退役した当時の政友会総裁は高橋是清だった。高橋は原敬のあとを襲って総裁になったのだが、元来が無欲恬淡（てんたん）な男で、そのため幹部間に派閥争いが絶えなかった。それに、高橋は大蔵大臣に就任していながら財界に金ヅルがなかったので、党員間に人気を保ちえなかった。

政党の総裁になるには金がなくてはならない。（中略）政友会では高橋の総裁を早く辞めさせなければならないことに意見は一致していたが、あとはいずれもドングリの背くらべ、後任の器ではない。その頃、田中を後任総裁にすえようという意見が起ったのは、一つは派閥争いがあまりに激しいので、ズブの素人ながら、大物の田中をすえ、そののちに各派の調整をしようという狙いもあった。

策略家の政友会代議士や長州閥の経済人が後押しをしたという。

さて、陸軍大将男爵田中義一は大正十四年（一九二五年）四月に予備役となり、政友会総裁に就任した。政友会幹部も別に田中に金力があるとは思っていなかったが、高橋是清総裁ではどうにもならなかっただけだ。（中略）

もともと政治には色気十分だった田中は、政友会の据え膳に坐ったようなものだったが、いやしくも一党の総裁になるのに手土産なしでは都合が悪いと思ったのであろう。どこからか三百万円ほど調達してもってきた、大正十四年の三百万円だから、相当なものだ。高橋が総裁の椅子をおっぽりだされたのも、党から持込まれた四十万円の手形の引受を断ったためである。

この当時、高等文官試験に合格した官僚の初任給が月額七〇円、トップの総理大臣は一〇〇〇円であった。当時の三〇〇万円といえば、今日なら四〇億円強ぐらいに相当する。「政友会の連中は高橋をワラ屑のように棄て、田中邸は政友会党員の訪問でにわかに賑わった」という。

陸軍における長州閥の頭目とはいえ、軽輩士族の三男という出自の田中に受け継いだ資産があるとも思えない。多額の持参金の出所が詮索されるのは当然だった。

田中の持参金三百万円は、党をあげての歓迎だったが、同時に、

「一体、その金はどこからでたのだろう？」

という疑問もおこった。いかに陸軍大将だったとはいえ、そんな大金をもっているはずはなく、よそから調達したに違いないが、その出所先が分らなかった。（中略）

だが、ほどなくその調達先が判って、新聞にももれた。三百万円を田中にだしたのは、神戸の

金貸しとして名だたる乾(いぬい)新兵衛であった。

「へええ。あいつが……」

と、聞いたものは案外な顔をした。陸軍大将と高利貸との取合せが意外だったからではなく、神戸の乾新兵衛といえば担保物件無しでは絶対に金を貸さないことで有名だったからだ。三百万円に見合う担保……そんな物件を田中大将がもっていたのかと調べる人間がいたが、そんな様子はなかった。（中略）

ある親しい人間が乾新兵衛をたずねて、

「今度はあんたも田中大将にしてやられたね」

とカマをかけたところ、

「なに、公債をちゃんと入れてもらっとるさかいに大事おまへん」

と、新兵衛は煙管を灰吹きに叩いて涼しい顔をしている。

公債。――しかも三百万円に見合う額だ。一体、それだけのものを田中はどうして持っていたか。

当然にわいてくる疑問だ。

当の田中は、

「なに、おらもそのくらいのものは不時の際の用意にもっちょるよ。武士のたしなみちゅうものだ」

と長い顔で笑いとばしていた。

担保に入れたという公債こそが陸軍の機密費であったというのである。この資金を元手に田中は政友会総裁となり、総理大臣へと登りつめるのである。

乾の融資を斡旋したという男が、約束の報酬がもらえないとして田中を裁判に訴えたことで内情が露呈した。

さらに陸軍省大臣官房で経理を担当していた職員が、田中をはじめ次官や軍務局長らを背任横領の罪で告発した。田中が大臣だった一九二〇年夏の段階で、官房主計室の金庫には、田中ら個人名義の定期預金証書が十数通あり、総額は八〇〇万円を超えていた。それを順次、無記名の国債に変えていったが、そうした預金や国債は個人の所有物として扱われ贅沢な暮らしに費消されていた――との内部告発であり、騒ぎに拍車をかけた。

政争臭の強い暴露劇ではあったが、国会は紛糾を繰り返した。政府側はヨーロッパで大戦が始まって以来の陸軍機密費の総額が二四四七万六六三九円であることを認め、主要な年度の金額を以下のように明らかにした。

一九一四年　七万三五五〇円
一九一五年　三万三七五〇円
一九一六年　九万八四〇〇円
一九一七年　二三万五〇〇〇円
一九一八年　七七〇万五八〇〇円
一九一九年　一〇六一万九七八二円

一九二〇年　　　二七九万二五七円
一九二一年　　　二六七万円

この間の田中の役職を確認すると、一九一五年に参謀次長、一九一八年に陸軍大臣、一九二一年に軍事参議官になっている。第一次世界大戦は一九一八年に終結するが、機密費のピークが戦争の終わった後の田中の大臣在任期間と一致することは明白だ。

「陸軍機密費問題」に続けて松本清張は「石田検事の怪死」を執筆している。田中義一の機密費疑惑をはじめとする政友会の裏面を追い続けていた検察官の変死の謎に迫ったものである。

一人で内密に捜査を進めていた石田検事は、政友会系の勢力によって謀殺されたもので、事故死だとしてもみ消しを図る動きには上司の検事正までが荷担していたとの見方を清張は示し、石田検事の変死によってこの機密費事件はうやむやに終わったとの構図を描き出している。

軍務局長のノート

この時期の陸軍機密費をめぐっては、「大正十二〜十五年の陸軍機密費史料について」という論文を東京大学教授(当時)の伊藤隆氏が一九八四年に発表している。

阿部、米内両内閣の陸軍大臣などをつとめた畑俊六の日誌を編纂する過程で、畑家から提供を受けた資料で、表紙に「機密費支出区分、軍務局長」と記されたノートだという。一九二三年一二月八日から一九二六年六月八日までの機密費の支出先が記録されていた。この時期、軍務局長だったのは俊六の兄英太郎であった。英太郎はその後、陸軍次官、第一師団長を歴任し、関東軍司令官に在職中の一九三〇年に病没しており、その遺品と考えられる。

誰にいくらを渡したのかの記録であり、軍務局長が決裁した支出を記録した心覚えであったと伊藤氏は見る。

そうした支出を年度ごとに集計すると、以下のようになる。

一九二三年度（一二月八日から）二〇万三六〇〇円
一九二四年度　八五万四五〇円
一九二五年度　一三万四八五七円
一九二六年度（六月八日まで）　一万七二二〇円

一九二四年度の額の多さが目に付くが、この年は衆議院の総選挙があった。臨時軍事費特別会計がまだ存続していた時期でもある。田中義一は、関東大震災の発生翌日、一九二三年九月二日に組閣された第二次山本権兵衛内閣で二度目の陸軍大臣になっている。翌年一月に清浦奎吾（けいご）内閣が発足すると、宇垣一成（かずしげ）を後継の大臣に据え、自身は軍事参議官という名誉職についた。そして一九二五年四月に陸軍を引退し、政友会の総裁に就任する。

人物ごとに支出額を集計すると、三四人が一万円以上を受け取っていた。主な顔ぶれは以下のようなものであった。

秋山定輔　一二万円
横田千之助　一〇万円
三木武吉　七万五〇〇〇円

田中万逸　　三万七〇〇〇円
西原亀三　　三万円
田中義一　　三万円
高橋光威　　二万円

横田千之助は立憲政友会の元幹事長、三木武吉は憲政会幹事長、高橋光威は政友本党幹事長であり、総選挙での各党への見舞金であろうと伊藤氏は見る。田中万逸は憲政会の代議士である。

最も多額なのは秋山定輔の一二万円で、今日なら二億円といったところだろう。明治二六年（一八九三年）に二六歳で大衆向け新聞「二六新報」を創刊したことで知られた秋山は立候補していない。田中を担いで新党を結成する動きを秋山がしていたとして、「それと関連してのことであろう」との見方を伊藤氏は示している。西原亀三は政界の黒幕的存在の実業家で、田中の政友会入りを画策していた。

総選挙は清浦奎吾内閣のもとで行われた。衆議院からの閣僚のいない超然内閣で、この清浦政権の与党だったのが政友会から分かれた政友本党であった。それに対して政友会、憲政会、革新倶楽部の護憲三派が清浦内閣の打倒を掲げていた。総選挙は護憲三派の勝利で終わっている。

陸軍省の機密費は選挙に合わせ各政党に配られていたが、単なる陸軍の政界工作にとどまらず、政界進出という田中の個人的野心実現のためだったと見ることができるのだろう。

担保に入れたとされる三〇〇万円の公債も、政界にばらまいた機密費も、捻出元は一つしか考えられない。臨時軍事費特別会計である。そうした事情を清瀬が追及しようとしたからこそ国会は大混乱に陥ったのであった。

その特別会計をたどってみよう。

ヨーロッパで戦争が始まったのは一九一四年(大正三年)の七月だった。大隈重信内閣の時期で、同盟関係にあったイギリスからの要請を受ける形で、日本は八月にドイツに宣戦を布告し、極東におけるドイツの拠点であった中国の青島に出兵し、これを占拠。さらにインド洋や地中海にまで遠征した。一九一七年にロシア革命がおこると、翌年にはシベリアに出兵。イギリス、アメリカ、フランスなどはほどなく撤兵したが、日本は居残った。

大蔵省編纂の『明治大正財政史』によれば、ドイツに宣戦布告した段階で臨時軍事費特別会計を設置している。戦争の最終決着までを一つの会計年度とする制度なので、加藤高明内閣の一九二五年四月一日に特別会計を閉じるまで、八代の内閣、一一年間にわたり予算を追加し続け、総額は九億一九八〇万円に膨らんだ。今日ならざっと一兆数千億円見当と考えることができそうだ。

決算によれば、実際に支出された総額は八億九九五三万円であった。うち陸軍の分が六億四一三五万円で、人件費一億六一六万円、物件費四億五九七七万円が主たるもので、機密費は二四四七万円だった。

この特別会計の期間を通して、田中は一貫して陸軍の中枢に確固たる地位を保ち続けた。特別会計が設けられた翌年に参謀次長になり三年にわたりその座にあったのに始まり、陸軍大臣は前後二度、計四年間つとめている。予備役になったのは特別会計が終了した九日後で、その五日後に政友会総裁に就任した。

田中が政界に転じた時の陸軍大臣は宇垣一成であった。宇垣は岡山の出身だったが、田中が大臣の時には次官、参謀次長の時に配下の部長、軍務局長の時には課長として仕えた田中子飼いの忠臣で、長州閥の一員と見なされていた。宇垣の大臣就任は、元帥上原勇作が率いた薩摩を中心とした九州閥との暗闘を勝ち抜き田中が実現させたものだった。機密費をめぐる疑惑の追及を田中が逃げ切ることができたのも後継大臣が宇垣だったからであった。

田中が首相になった一九二七年の暮れに、宇垣は日記にこう記している。

「田中氏より余の多年蒙(こうむ)りたる情誼(?)に対しては田中―上原の抗争、機密費問題に対する余の態度、(中略)軍人仲間の面目とも考えて彼を政府の首班たらしむべく努力したる事によりて、大体相互間の清算は完了した」

機密費問題では一貫して口をつぐんだのだ。首相になるにも随分手を貸した。お世話になったとしても、もう十分に返したはずだとの思いが伝わってくる。

「彼輩の余に対する情誼なるものは究竟は利己本位より割出されて居る節が多い様である。国家国軍の為でもなければ勿論宇垣の為でもなく要は自己及仲間の為である」

自らを栄進させた田中やその派閥への嫌悪感を色濃くにじませたうえで、こうも書き付けている。

「(田中が)陸相の地位を去るに当りては上原一派の侵入を防止して糧道を維持すべく余を(後任に)推挙して自己の軍部に於ける地位を保持すべく図りた(ママ)のである」

〈糧道〉の二文字が何とも生々しい。

10 台湾総督府陸軍機密費

機密費の使途を示す唯一の資料

機密費が繰り返し社会の関心を集めてきたのは、その姿が一貫して厚いベールに覆われてきたからだ。新任の官房長官が機密費の公開についての見解を質されるのは、近年まで内閣改造のたびの恒例行事のようになっていた。退任した官房長官が、その一端を漏らすようなことはあっても、詳細が明らかにされたことはない。機密費をどのように使ったのかを語らないことは、行政組織という世界に生きた人間の一生を縛る掟のようにも見える。

明治以来、百数十年に及ぶ近代行政の歴史において、機密費の使途の具体的な詳細を示す系統立った資料が明らかになっているのは、おそらくただ一例である。

中京大学教授の檜山幸夫氏が二〇〇七年に発表した論文「台湾総督府陸軍部機密費関係文書について」で紹介した資料群である。

一九〇七年(明治四〇年)一〇月から一九一二年(大正元年)八月まで台湾総督府陸軍参謀長をつとめた宮本照明少将の資料であり、檜山氏が古書店で見つけ入手したものである。

「参謀長　諸書類　経理に関する書類」と墨書された和紙の袋に一八点の書類が入っていた。

その中からまず「明治四十年度機密費幕僚使用額報告書（副本）」を見てみよう。

冒頭に総論が記されている。

「四〇年度機密費は予算令達高一万五〇〇〇円、前年度より繰越額六四五円九一銭にして、合計一万五六四五円九一銭。そのうち守備隊司令部、要塞司令部等に配当高三二六五円を控除し、なお年度末の残額二一六七円を控除するときは実際当幕僚にて使用せしは一万二二三円九一銭なり」

この一万五〇〇〇円は今日なら四五〇〇万円ぐらいと想定できそうだ。

次いで使用した内訳が示されている。

　課報費　六八五九円三四銭
　接待費　二七七五円五九銭
　雑費　　　五七八円九八銭
　配当額　三二六五円

機密費のうち〈課報費〉の占める割合は、このぐらいだったのかと思わせる数字であるが、課報活動として具体的に何をしたのかは知りようがない。

さらに〈配当額〉の内訳を記した別紙が添えられている。

　第一守備隊司令官に配当
　　金　三〇〇円　年度当初
　　金　六〇〇円　軍旗祭
　　金　二三〇円　紀念日祝賀会

金　　五〇円　幹部演習

第二守備隊司令官に配当

金　三〇〇円　年度当初

金　五〇〇円　軍旗祭

金　一七〇円　紀念日祝賀会

金　　七〇円　幹部演習

以下、澎湖島要塞司令部に年度当初に三〇〇円、野戦砲兵大隊長に五〇円（新兵営移転式）といった具合に記されている。出先部隊への配分である。

翌年度は使途が大きく変化した。「明治四十一年度機密費決算報告書」を読んでみよう。

「四一年度機密費予算令達受高は前年度と同額即ち一万五〇〇〇円にして、四〇年度より繰越高二一六七円、合計一万七一六七円なり。このうち守備隊司令部及要塞司令部等に配当高二八五二円七〇銭及年度使用残額四六三円四銭を差引き金一万三八五一円二六銭は幕僚にて実際使用の金額とす」

と全体像が記されている。内訳は以下の通りである。

課報費　二九四一円八八銭

接待費　四六四五円三一銭

雑費　　一八五六円三七銭

鉄道全通式費　四四〇七円七〇銭

配当額　二八五二円七〇銭

前年度と比べると、諜報費は五七パーセント減、部隊への配当額も一二パーセント減っているが、その一方で接待費は六七パーセント増で、雑費は三倍以上になっている。

何よりも鉄道全通式費の四四〇七円七〇銭が目につく。この年度の支出額のほぼ三分の一を占めている。開通した鉄道は台湾北部の基隆（キールン）から南部の高雄までの約四〇〇キロを縦貫して結ぶものである。台湾近代化の象徴として台湾総督府が計画し、一八九九年に二八八〇万円の総予算で着工し、一〇カ年の計画だったのが、一年早く完成した。

その記念式典の狙いと意義を、檜山氏は「台湾初期統治の成功と経営基盤の完成でもあったことから、台湾総督府はこの鉄道事業の完成を〈台湾総督府施政の成功〉と位置づけ、且つ〈大日本帝国〉における着実な膨張発展の証しとして国家的な〈近代化日本〉の成功事例としてその成果を国内外に示すために催された、台湾総督府のみならず〈大日本帝国〉としての一大式典として企画されたもの」と解説している。

式典は一九〇八年一〇月二四日に行われた。閑院宮載仁親王（かんいんのみやことひと）をはじめ、田中光顕（みつあき）宮内大臣、岡部長職（ながもと）司法大臣ら台湾外からの一八一人を含む来賓九一一人が参列している。

そのうち軍関係者の接待が台湾総督府陸軍部の業務だった。

接待の内実を伝えるのが「明治四十一年台湾縦貫鉄道全通式に来台の陸軍次官石本新六少将及び参謀本部第三部長事務取扱大沢界雄（かいゆう）少将一行に係る接待諸費調書」と題された表である。冒頭に三三八一円七四銭五厘との総額が示され、内容は以下のようなものである。

宴会費　五八七円五七銭
　内訳
　　三三五円九〇銭（酒代）
　　　一三円五〇銭（二八日御附武官接待費）
　一六九円六七銭（二二日宴会費）
　一九円　　（二三日宴会費）
　　四九円五〇銭（二九日宴会費）
接待費　二一五円三七銭（煙草、菓子、新聞雑誌、筆墨、茶類）
備品費　一五八四円七銭（器物一切）
装飾費　三六二円四〇銭五厘
　内訳
　　九三円三〇銭（階殿便所敷物）
　　八四円五一銭（額類打釘共）
　　七八円五六銭（レース代など）
　　六二円五六銭五厘（打鈕金物釘類）
　　四三円三七銭（涼台電気据付材料代）
盆栽費　一一九円一四銭（鉢代を含む）
傭女費　二四八円五九銭（花屋の分）

祝儀代　一五五円　（玉山亭ボーイ、花屋、吾妻女中の分）
贈与品代　三〇円　（大沢少将贈与品代）
雑費　七九円六〇銭（一〇月一四日から二〇日まで、塩見、種川、小使、女中、車夫の食料と薪炭代）

接待の対象は陸軍次官、参謀本部第三部長、下関要塞司令官、陸軍省工兵課長ら計八人であり、一行の一週間の滞在中の接待に三三八一円を使ったことが記録されていた。一九〇八年の物価指数は〇・六〇九であり、今日ならほぼ一〇〇〇万円に相当する官官接待が行われたことになる。酒代だけでも約九〇万円に相当し、傭女費という名目の芸者代は七〇万円強、盆栽代にも三五万円近くが投じられていた。何とも豪勢である。

縦貫鉄道の開通記念式典がいかに大切な行事だったとはいえ、そのために諜報費を半分にまで切り詰めてしまった。業務に支障はなかったのだろうか。さらに書類を読み進んでみよう。

配分計画書

「明治四十二年度機密費科目解疏」は機密費予算の配分計画書である。そこにはこうある。

課報費　六〇〇〇円
接待費　三〇〇〇円
雑費　一〇〇〇円
供用　二〇〇〇円

配当額三〇〇〇円

一二〇〇円（各司令部に三〇〇円宛）

六〇〇円　陸軍記念日（司一・二三〇円、同二・一七〇円、要司・一〇〇円）

五五〇円　研究費（台北・二〇〇円、台南・一五〇円、基・一〇〇円、澎・一〇〇円）

三〇〇円　機動演習

二〇〇円　幹部演習

一五〇円　予備金

それが実際どのように使われたのかを示すのが「明治四十二年度機密費決算報告書」であり、以下のような内容である。

一、課報費　一三〇七円六五銭五厘

一、接待費　六九六八円七銭

一、雑費　一六〇一円四三銭

　　計　金九八七七円一五銭五厘

一、配当額　四〇三〇円

　　合計　金一万三九〇七円一五銭五厘

右接待費中には左の費用を包含す

南清艦隊接待費　金　一一七円四七銭

長岡中将接待費　金一二八七円八八銭
松石少将接待費　金　八二五円九八銭
英国大使一行及び伊国武官接待費
　　　　　　　　金　五九八円八二銭
大迫中将接待費　金　五一七円六五銭
兵藤少将送別会及び新旧要塞司令官接待費
　　　　　　　　金　一六〇円
長岡中将松石少将の基隆要塞司令部接待費
　　　　　　　　金　　七〇円
　計　金三五七七円八〇銭
　以上は接待費中のおもなるものにして、この外ドイツ大使・同武官、押上中将、足立少将等種々の接待に関する費用あれども百円に満たざるをもって、ここに掲上せず。

盛大なもてなし

この年は全通記念式のような大きなイベントがあったというわけではないのだが、接待費は変わることなく多くを占めている。予算では三〇〇〇円だったのが、七〇〇〇円近くまで膨れあがっている。使用した総額のほぼ半分を占めている。その一方で六〇〇〇円の予算を見込んだ諜報費は実に四分の一の規模に縮小していた。

東京の陸軍中央から視察の名目で出張してきた三将軍の接待費の総額は二六三一円五一銭にのぼる。今日なら八〇〇万円ぐらいにはなりそうで、これまた盛大なもてなしである。

長岡中将とは陸軍省軍務局長の長岡外史（がいし）であり、松石少将は参謀本部第一部長の松石安治（やすはる）、大迫中将は野砲兵監の大迫尚道（おおさこなおみち）のようである。経歴を調べてみると、長岡軍務局長と大迫野砲兵監、宮本参謀長の三人は、そろって陸軍士官学校の旧二期生で、司馬遼太郎が「坂の上の雲」の主人公として描いた秋山好古（よしふる）の一期上に当たる。明治のまだ初め、創建間もない市ヶ谷台の士官学校で寝食をともに三年間を過ごし、一八七八年に卒業した同期生は一三六人である。昵懇（じっこん）な仲であっただろう。

その旅の模様を檜山氏は、現地の新聞を丹念に調べ、たどっている。

長岡中将の旅程を確認すると、一二月二二日に基隆港に到着。上京していた宮本参謀長と同行しての台湾入りである。台北、澎湖島、安平、台中などの部隊や施設を巡り、帰途についたのは一月一〇日であり、年末年始をはさみ三週間に及ぶ滞在であった。大迫野砲兵監の方は、年度末の三月であった。親しい友がもてなしてくれる南国の旅は、快適で思い出に残るものであっただろう。

かさんだ接待費を賄うために諜報費を減額したのだろう。だが、それほどまでに諜報活動費を削減して本来の業務に支障はなかったのだろうか。素朴な疑問が湧いてくる。

決算書に附属する「明治四十二年度機密費仕払目別表」は、さらに一段と〈機密費〉の実態を教えてくれる。次のようなものである。

諜報費	一三〇七円六五銭五厘
旅費	九四九円六四銭

図書及印刷費　三五八円一銭五厘
接待費　六九六八円七銭
宴会費　五八六二円一三銭
旅費　一七三円一〇銭
贈与　八〇四円八四銭
物品費　五八円二銭
通信運搬費　六九円九八銭
雑費　一六〇一円四三銭
諸手当　一一二二円四三銭五厘
雑費　四七八円九九銭五厘
配当金　四〇三〇円
計　一万三九〇七円一五銭五厘

「明治四十二年度機密費費途区分表」は何に支出したのかを、さらに詳細に示している。諜報費の中の旅費九四九円余の内訳はこうなっている。

二九八円九〇銭　岡参謀旅費
六〇〇円七四銭　木下少佐旅費
五〇円　木下少佐通弁その他の雑費

情報収集のための旅行をしたとの意味なのだろうが、そのような活動は年間に二件しかなかったことを物語っている。

諜報費の中の図書及印刷費の内訳は次の通りである。

一一〇円二銭　兵事新聞及び仏領東京の未来
一〇円五〇銭　ジャパンクロニクル
一三円　　　　台湾日々新聞
七円一〇銭　　政事家年鑑

どうやら一般の刊行物ばかりのようである。

接待費の中の宴会費には内訳として四六件の記載がある。「決算報告書」に示されていなかった支出を見ると、井出主計正接待諸費、木下少佐外八名接待、森領事接待費、岡少佐送別会費、岡・浅野両主計送別会、新年祝賀会、川屋敷納涼会各部隊長招待といったものである。

接待費の中には旅費という項目もあり、献上品宰領、松石少将出迎え、長岡中将出迎え、松石少将送り、英大使一行荷物送り、伊国武官同行者実費などの明細が見える。

「仕払目別表」では〈贈与〉として八〇四円余が記録されていたが、こちらの表では〈贈物〉となっている。鎌倉丸事務長への文旦（ぶんたん）が七円、競点射撃会へ賞品が四六円五〇銭、射撃賞状額縁一七円八六銭といったものもあるが、ここでも目立つのは軍高官のための出費である。

松石少将へ果物、松石少将へ煙草、松石少将へ蜜柑、長岡中将へ盆、長岡中将へ杖、長岡中将へ花台及びテーブル、長岡中将へ花木箱、大迫中将へ蜜柑類といった名目が並んでいる。長岡中将への花台及びテーブルは六〇円で、今日なら一五万―二〇万円ぐらいには相当しそうだ。果物や蜜柑代にしても長岡中将へ五六円一四銭、大迫中将へ三三円九五銭、松石少将への煙草には一〇円二〇銭が計上されており、移動中や宿泊先での軽食や一服用とは考えられない。まとまった量を土産として持たせたのだろう。通信運搬費の中には〈長岡中将贈物運搬〉として一五円六二銭が記載されている。

東京からやってきた軍高官のもてなしには、接待費以外にも様々な名目で機密費が支出されていたのだった。至れり尽くせりである。大名旅行という言葉が思い浮かぶ。

さらに、〈参謀総長松石少将へ〉との名目の蜜柑代四九円四九銭も記録されている。この当時、参謀総長は奥保鞏(おくやすかた)である。日露戦争では第二軍司令官をつとめ、児玉源太郎の急死により参謀総長になり既に三年。薩長閥から離れた小倉の出身ながら伯爵に列せられ、その後さらに元帥に昇格する。陸軍の最高実力者である。それに相応しい特産品を参謀総長配下の松石少将に託したのだろう。

雑費も少し見ておこう。

諸手当では総督上京中諸費、金沢参謀上京中手当、負傷者見舞金、総督印判、参謀長巡視諸費といったものである。ほかに集会所電灯代、宿舎取付給水栓ゴム管、食堂諸器具、参謀長巡視の際の鮭筋子柿羊羹といった支出が見える。

最後に「明治四十四年三月二十四日現在機密費現在高」を見ると、以下のように記されている。

機密費現在高

一　金三万六四三四円五四銭

内訳

金　二万円　　偕行社基金

金　二四〇円　　　　　同上基金に対する一一月までの利子
金　一万六一一四円　　機密費
金　八〇円五四銭　　　同上に対する一一月までの利子

機密費は基金名目も含めると二年分以上の蓄えがあった。接待費が膨らんだので諜報費を削減した決算を先に示したが、諜報活動をするための原資がなかったわけではなかったのだ。機密費を預金し金利を得ていたことも読み取れる。

費途区分表

機密費の多くは飲食や宴会に費やされていたのだが、当時の台湾の状況は、駐屯する陸軍部隊にとって何の懸案もなく平穏だったというわけではない。

「費途区分表」に、それは見て取ることができる。

宴会費には「チャロギス社討伐参加将校慰労宴会費補助」といった名目が、贈り物では「卑南地方討伐隊慰労のためウイスキー」「桃園庁下討伐掩護隊将校へウイスキー」などと記されている。

檜山氏の調査によれば、この書類の所有者、宮本少将の経歴書には一九一一年四月の日付で「台湾蕃匪討伐の際尽力少なからざるにより勲二等瑞宝章」との叙勲歴が記されている。

台湾における植民地経営はまだ安定した状態にはなかった。日清戦争の勝利で領有した一八九五年当初のような大規模な武装蜂起こそ影を潜めていたが、抗日運動の水脈が絶えることはなかった。台湾総督は依然として軍人に限られていた時期であり、台湾軍の司令官を兼務していた。海峡を挟んだ中国大陸では革命への動きが急になっていた。台湾の歴史においては、宮本が台湾を去った後の一九一五年に発生する西来庵事件(タバニー事件)までは武装抗日運動の時期とされている。この事件では八六六人に死刑判決が言い渡されている。

そうした状況下にあった陸軍の前線部隊の機密費に、工作するとか懐柔するとか、あるいはスパイ活動のためのといった経費はどこにも見当たらない。情報収集名目の経費もごく限られている。大半を占めるのは接待費であり、それも東京からやってきた軍高官をもてなすための接待、宴会、贈答品の経費が群を抜いている。ひたすら組織内での饗応、飲食に費消されていた。

それがことさら特異なケースだったとも思えない。宮本参謀長の経歴を見ると、宮中での勤務の長さが目に付く。藩閥とは無縁の茨城の出身なので能力や人間性を買われたのだろうが、東宮武官を四年、侍従武官を四年つとめ、明治天皇の大喪では霊柩供奉を仰せつかっている。これだけ詳細な記録を作り大切に保管してもいた。公費の扱いが特に杜撰(ずさん)だといった性格ではなかったはずだ。

日本に近代的行政機構が整備されてから百数十年、おそらく初めて明らかになったであろう機密費の、これが使途の実態、詳細である。とても〈機密活動の経費〉とは思えない。〈何にでも好きに使える便利な財布〉、あるいは〈使途を秘密にしたい出費〉といった程度にすぎないことは明白だ。

エドワーズに特命捜査を命じるきっかけとなった一九三三年の小磯国昭への支出記録には、台湾軍参謀長への配分も記されていた。三カ月分として三〇〇〇円であり、年間なら一万二〇〇〇円と見ることができる。これを一九〇八年の価値に換算すると約七〇〇〇円相当ということになる。宮本参謀長当時の台湾の陸軍が持っていた機密費は年額一万五〇〇〇円だったので、満州事変の勃発により、好きに使える金が台湾でも五割ほど増えたとイメージすることができそうだ。
そうした台湾軍への増額分が、ここまで機密費の内実を知ってしまうと、満州への部隊展開の準備に使われたとか、〈機密活動〉に使われたとかと素朴に信じることは難しいだろう。一部はそのような目的に使われたとしても、多くは砂に水をまくように消えていったのでは、と思えてならない。

青年将校の回想

本書の冒頭に紹介した岡田啓介の発言は、二・二六事件の発生から一五周年を迎えたのを契機に企画された対談の場でのものであった。岡田の命を狙った側にいた元青年将校や民間参加者らも含め五人が集まり事件を語っている。

「本当は尨大な機密費の取り合いさ」という発言は、「陸軍が大臣に皇道派の人間を推薦してきたら、どうするつもりだったのか」との質問に対する岡田の答えであった。

この対談では、もう一つ興味深い発言がある。当時陸軍大尉で青年将校たちのリーダーだった大蔵栄一が、二・二六事件に至る端緒を語った部分である。

「ことのおこりは昭和六年のいわゆる十月事件の時に一応クーデターをやろうというすこぶる派手な行き方を取った将校がいたが、その連中が待合なんかに集まってやっていた。その当時、われわれ青年将校の間には〈何だ、ああいう金はどこから出るのか〉ということで憤懣(ふんまん)をもっておった。これに刺戟されてわれわれ若い連中は何も分らないが非常な反省をしたわけです」

橋本欣五郎ら参謀本部の佐官級の幕僚たちが一九三一年に企てたとされるクーデター未遂が十月事

件である。九月一八日に満州事変が勃発し、その翌一〇月のことで、第二次若槻礼次郎内閣を倒し、教育総監部本部長だった荒木貞夫を首班とした軍事政権を樹立することを目指したとされる。

橋本たちが根城にしたのは料亭や待合だった。「連夜の如く会合が行われ、美妓を侍らして盛宴がつづけられた。さながら明治維新の志士が、京都の鴨川河畔に流連荒亡せるに似ていた」(『昭和憲兵史』)と憲兵の視点から数多くの著作を残した大谷敬二郎は記している。クーデターの直前に、説得のために荒木が乗り込んだのも築地の待合で、酒を酌み交わしながら橋本らを説き伏せたとされる。

事件は処理も前代未聞だった。中心人物を憲兵隊が連行した先は、横浜、静岡、千葉、宇都宮の旅館だった。朝日新聞の陸軍担当記者だった高宮太平は「皆芸者つきで朝から酒、遠出は許さなかったが、近所の散歩は自由、一世一代の豪遊を極めた」(『軍国太平記』)と記している。その芸者も東京から呼び寄せたという。

処分は首謀の三人が重謹慎二〇―一〇日、そのほかは譴責という軽微なものに終わっている。酒色にまみれたクーデターごっこであった。そうした風潮に疑問を覚えたのが尉官級の青年将校たちであり、青山のお寺に集まり憤懣を語り合ったのが始まりだったと大蔵は述懐している。

陸軍省軍務局で予算班長などを歴任した西浦進は次のように語っている。

「満州事変が始まる前に石原莞爾関東軍参謀と永田鉄山軍事課長との間に私信の往復が随分ありますが、それが私のところのファイルにあるのですが、それはなんで往復をしたかというと、間島工作に五〇〇円の機密費をくれ、くれない、での論争だったのです。当時いかに話が細かかったかということがわかりますね。(中略)満州事変が始まった当時の機密費というものは、極めて話にならなかったような機密費であったということは事実です」(『昭和陸軍秘録』)

西浦は戦後、防衛研修所の戦史室長をつとめており、〈私のところのファイル〉とはそのことを指すようである。当時の五〇〇円は今日なら八〇万―九〇万円ほど。間島は満州の南東部、朝鮮と国境を接する地域で、朝鮮独立運動や共産党の活動の拠点となっていた。そうした要地での工作費をめぐり、石原と永田という昭和陸軍を代表する幕僚二人が、その程度の額の調達をめぐり争っていたのだ。

防衛研究所が収蔵する旧陸軍資料を調べると、関東軍の機密費使用状況報告書が見つかった。一九二九年度第四期(一九三〇年一―三月)のもので、関東軍司令官の畑英太郎から陸軍大臣の宇垣一成に宛てた書類である。この三カ月間の機密費は経常部、つまり一般会計からが一万二九六五円四七銭であり、臨時軍事費からの分が三九四九円四〇銭で、計一万六九一四円八七銭であった。次期への繰り越しはゼロで、きれいに使い切っている。満州事変以前の関東軍の機密費は月額五〇〇〇円強のレベルだったのだ。石原が五〇〇円を求めた理由も分かるというものだ。

満州事変は陸軍の軍人たちが好きに使える金が極限にまで減らされた段階で企図されたものだった。そして満州事変は、軍人たちに巨額の機密費という恩恵、余禄をもたらした。

そうして得た莫大な機密費はどのように使われたのだろう。小磯国昭が満州を去った直後の一九三六年から一年半、関東軍で参謀副長をつとめた今村均(ひとし)が戦後に出版した回想録『大激戦』に機密費をめぐる経験を記している。

「相当多額が算せられ、(中略)ソ聯極東軍の情報を得ることに向けられてはいたが、満洲内及内地の情報を知るためにも用いられていた。従って情報売り込みの人が、内地から、又は在支在満の邦人中から、たくさん新京にやって来た」というのが着任時の機密費をめぐる様相だったという。
だが怪しげな人物ばかりで、どうにかしなくてはと思っているところに、飛行場整備が資金不足で進まないという問題が持ち上がった。そこで今村は、機密費をすべて飛行場整備費に充て、「機密費がないのでお付き合いできない」として情報提供者との交わりを絶ったのだという。その結果、「何百万円」という資金不足が解決したのだという。

「特別機密費配当申請書」という一九三七年一一月四日付の文書が防衛研究所に残っていた。北支那方面軍参謀長の岡部直三郎から陸軍次官の梅津美治郎に出された申請書である。七月七日の盧溝橋事件に端を発した軍事衝突が日中間の全面戦争へと拡大し、上海周辺で激しい戦闘が続いていた時期に当たる。

「蔣介石政権に対して作戦的には徹底的膺懲（ようちょう）作戦を継続断行し、政治的には内部分裂による蔣介石の統制力を破壊し、彼の屈服に導く」ために新政権樹立が必要だとして、その工作費として機密費四〇〇万円を求める内容である。▽中国の有力政客を引き出し、操縦する経費一〇〇万円、▽そうした政客を指導する日本人顧問の経費五〇万円、▽北京、天津など中国北部に地方政府を樹立する経費一〇〇万円、▽地方政府を指導する日本人顧問の経費五〇万円、▽新政権を擁護する政治団体の結成、観察、操縦費として一〇〇万円――という内訳である。新政権の日本人顧問は二〇人で、経費は一人一万円。顧問の補佐を一〇〇人置き、一人三〇〇〇円の計算。地方政府には顧問を二五人、その補佐を五〇人配置し、政治団体の本部要員は三分の二を日本人とする構想である。

この申請がどのように処理されたのかを示す記録は見当たらなかったが、政権樹立の工作費とはどのようなものなのかをよく伝えている。陸軍大将の月給が五五〇円だったことを考えると、多くの日本人に多大なおこぼれをもたらす構想であったことが読み取れる。

この申請から四〇日後、日本軍が南京を占領した翌日に当たる一二月一四日に中華民国臨時政府という日本軍の傀儡（かいらい）政権が北京に誕生しているが、中国民衆の支持を集めることはできず、重慶へと本拠を移した蔣介石を屈服させることもできなかった。

日中戦争はその後泥沼化し、その解決は日本政治の最大の課題となった。日米開戦の直前まで内閣書記官長だった富田健治は、回想録で蔣介石政権との和平工作に触れ、「政府、政治家もやっている。軍部もやっている。しかも、それが幾筋もルートがある。民間人でもこの工作をやっている者が幾つかあるといったような始末で、（中略）参謀本部の課長から聞いたのであるが、重慶工作のルートが当時およそ二〇程あるといっていたのである。中には勿論いかがわしいものもあった。ただ金とり主義のものもあった」（『敗戦日本の内側』）と記している。工作のために機密費があるのか、機密費があるから工作を思いつくのか、いずれにしてもかなりの人間が群がっていたことを物語るが、功を奏するものはなかった。その結果、重慶政府に強い影響力を持つアメリカとの交渉以外に打開策はないと近衛首相は判断するようになった、と富田は記している。

その日米交渉が決裂し、日本は破滅的な戦争へと踏み出していくのであった。

11 敗戦と機密費のゆくえ

戦線が拡大し、戦争が激化するにつれて、陸軍の機密費はさらに膨張していった。一九四四年には一億二五四九万円、一九四五年には三億八八七四万円余にまで膨らんでいる。今日なら九〇〇億円と二〇〇〇億円ぐらいに相当しそうだ。一九四四年の国鉄特別会計から臨時軍事費特別会計への繰入金が二億五五〇〇万円であり、それは国鉄の全運輸収入の一二パーセントを占めていたことを参照すると、機密費の規模の巨大さがイメージできるだろう。

勝敗がもはや動かない戦争の末期に、それほどの巨費を投じる諜報活動や機密工作の余地があったとは思えない。国政選挙はないし、新聞社や出版社、政治家や政治団体は買収などしなくても政権の意向に従う態勢が出来上がっていたはずだ。何に使ったのだろう……。そんな思いで調べているうちに防衛研究所が収蔵する中から興味深い資料を見つけた。

東条の機密費

「陸軍省」と印刷された用紙に記された「議会答弁資料」と題した文書である。作成者も作成の日時もない。内容から見て、敗戦後に国会での質疑に備え作られた想定答弁案であることは明白だが、帝国議会の会議録にはこれに該当する質疑は見当たらない。
文書は二点あり、そのうち「機密費」と題した文書には、「東条大将が莫大なる機密費を使ったというが真相は」との質問を想定した答弁案が見える。

「書類焼却のため絶対確実とはいえないが」と前置きしたうえで、「東条首相在任期間中に陸軍から融通した機密費の総額は約一八〇〇万円で、辞職後に二〇〇万円ほどが返納された」と記されている。東条が政権の座にあったのは三年弱、厳密には一九四一年一〇月から一九四四年七月までなので三四カ月である。エドワーズの尋問で明らかになった年間五〇〇万円という枠に沿った機密費の上納が東条政権下でも続いていたことが、陸軍省の文書によって確認されたことになる。

先にも紹介した細川護貞の日記には、一九四四年一〇月一四日について、こんな記述が見える。

吉田茂氏の永田町の邸に行く。此日松野鶴平氏の招きにて、近衛公、鳩山氏、吉田氏等と共に深川に海の猟に行く。風強き為海産組合長佐野某宅にて雑談、帰途吉田邸に公、鳩山氏と立寄り雑談の際、白根宮内次官は東条礼讃を為し居る由鳩山氏語り、一体に宮内省奥向に東条礼讃者あるは、附け届けが極めて巧妙なりし為なりとの話出で、例へば秩父、高松両殿下に自動車を秘かに献上し、枢密顧問官には会毎に食物、衣服等の御土産あり、中に各顧問官夫々（それぞれ）のイニシアル入りの万年筆等も交りありたりと。又牧野伯の所には、常に今も尚贈り物ある由。鳩山氏は東条の持てる金は十六億円なりと云ひたる所、公は、夫れは支那に於てさう言ひ居れり、主として阿片の密売による利益なりと。共謀者の名前迄（まで）あげられたり。余も何かの会合で、十億の政治資金を持てりと聞けり。過日の海軍懇談会の折も、昨今の東条の金遣ひの荒きことを矢牧大佐語られたり。

或は多少の誇張もあらんも、多額の金を持参し居るならん。夜金子家を問うての雑談中、故伯の病革る頃、日々百人前の寿司と、おびたゞしき菓子、薬品等を、東条より届けたりと。鳩山氏は、「斯の如き有様なれば東条復活の危険多し」と云はれたり。

金子伯とは一九四二年に亡くなった伯爵金子堅太郎、つまり川崎豊の祖父のことのようである。東条が政権を退いて三カ月後に、政界の有力者の間ではこのようなことが語られていたのであった。「大将直接にではなく、内閣に渡したものも半分位はありました」との説明も「議会答弁資料」には見える。現金で運ばれてくる機密費を、東条はかなりの頻度、律儀に自分で受け取っていたということなのだろう。他人には任せたくない〈権力の源泉〉だったのだろう。

陸軍から東条に上納され実際に使ったと考えられる一六〇〇万円は、今日なら一四〇億円程度に相当しそうだ。在任期間で単純に計算すれば毎月四億円超ということになる。それだけも巨額だが、東条には海軍からも同規模の上納があった可能性が高い。それほどの現金はどこへ消えたのだろう。素朴な疑問がわき起こる。

「贅沢は敵だ」「欲しがりません、勝つまでは」などと国民に耐乏を強いた政権であったが、空前の金満、金権がどうやらその実態であり、政界中枢には金も贅沢品もあふれていたようである。それも巷間語られてきたような阿片の密売などに頼らずとも、元手に困ることはなかったはずだ。自動車だろうが、名入りの万年筆だろうがためらうことなく調達しても余り有ったはずである。

戦争という極限状態の中で、溢れ出た機密費が政治の何かを動かしていたのだろう。戦意を高める興奮剤だったのか、それとも厭戦の感情を抑える鎮静剤だったのか、あるいは良心や判断を狂わす麻薬だったのか。どのような狙いでどのような人物に配り、どのような効果があったのか、今となっては窺い知りようもないが、もたらされた結果だけは明白である。

敗戦の前後に一気に配分

「議会答弁資料」の中心は東条ではない。陸軍機密費の全体像である。

日中戦争が始まった一九三七年から敗戦までの陸軍の機密費の合計は七億四八二〇万円であると説明している。「一九四四年は一億円で、一九四五年には約四億円にまで増えているが、中国や南方での急速なインフレのためであり、日本国内においては本土決戦装備の飛躍的強化に伴うものである」とも説明している。だが臨時軍事費からの陸軍の支出額は一九四四年が四五六億六〇〇〇万円、敗戦まで四カ月半しかなかった一九四五年は一八六億四〇〇〇万円に上っている。機密費がないと装備を強化できなかったなどとは到底思えない。

「昭和二十年度第二期機密費交付ならびに増額配当に関する件」と題した添付文書は、さらに内実を伝えている。一九四五年六月二八日の日付と陸軍次官の花押がある。以下のような内容である。

関東軍総参謀長　一九〇〇万円
支那派遣軍総参謀長　一億九〇〇〇万円
（情勢に即応する如く第二期以降の分一括交付す）
南方軍総参謀長　六七五〇万円
（支那と同様、第二期以降の分一括交付）

沖縄で日本軍の組織的抗戦が途絶えた五日後に、機密費を一気に分配したことを示している。この三組織だけで総額は二億五九四〇万円に上る。

さらに「議会答弁資料」は「戦局の推移を見越して七月中にすべての配分を終えた」と説明している。本来は四半期ごとに四分の一ずつを渡すものだが、戦局が差し迫ってきたので七月中に残り三期分の全額を配ったというのである。「一一月末現在の残金は二二〇〇万円」との説明もあり、この残金については「南方軍司令部や憲兵司令部などから返納されたものである」との注釈がついている。

この年の機密費総額は正確には三億八八七四万円であった。今日なら二〇〇〇億円にも相当する。敗戦の一カ月前までに、その全額を配ったのだが、使いきれなかったとして戻ってきたのは二二〇〇万円だけだったというのである。

一九四五年度の臨時軍事費特別会計全体の予算総額は八五〇億円であったが、八月で戦争が終わったので実際の支出は四三六億円で、消化率はほぼ半分であった。陸軍の支出額も前年度実績の四割のレベルにとどまっている。年度が半分に満たないうちに敗戦を迎えたために使い切れなかったのだ。

ところが機密費の消化率は九四パーセントに達していた。

さらに「敗戦後も機密費の出費は続いている」と「議会答弁資料」は説明している。連合軍との折衝上の諸経費、陸軍解散に伴う部外に対する謝礼、終戦業務遂行上必要な諸雑費などとして必要なのだと主張している。敗戦後、内地の部隊に一五〇〇万円ほどを配分し、一〇〇万円ほどが未使用で、陸軍省本体は一〇〇〇万円を受け取ったが三〇〇万円残っているとも記されている。

その事情を示す具体例として東部軍管区司令部の記録を見てみよう。戦争末期に本土防衛のために設けられ、東日本一帯を管轄した組織である。
この年四月の機密費支出の明細は以下のようなものである。

八四五〇円　隷下部隊に交付(一九四五年度上半期前渡し)
四〇〇〇円　部内工作費(司令官出張の際の酒肴料)
六九六円　部外工作費(司令官出張の際の地方官民との懇話会食費)
八九五円五八銭　部内接待費(兵団長会同における食事代その他)
一五〇円　旅行雑費(司令官出張の宿舎心付け外)
三七七円六〇銭　雑費(通信費・会場借り上げ料等)
　計一万九六九円一八銭

先に紹介した台湾総督府陸軍部における機密費の使途とよく似た傾向である。上半期分の前渡し分を含むのだから、それまでの月よりは多い額だったのだろうが、それでも月額一万円ほどである。ところが帝国陸軍最後の月となった一一月には、三一万三一三〇円六四銭を支出し、月末の残高はゼロになっている。「本土決戦装備の飛躍的強化」のためという説明とは裏腹に、その支出の大部分は敗戦後のものであった。
「終戦業務処理委員に交付」の一三万七〇〇〇円と、「連隊区司令部上陸地支局に対する編成改正ないし新編成各費」の一六万六〇〇〇円が大きく、この二つで全体の九六パーセントを占める。上陸地支局は海外からの大量の復員を進めるために設けた組織で、帰国する人々を載せた船が着く港を上陸地として指定し、そこでの宿舎や食糧の確保など様々な業務を担当した。

残りは「送別会食費」「会合の食費」といったもので、目に付いたものとしては「一一月二〇日土肥原閣下以下に対する差し入れ品代金」の一三七円がある。東京裁判で死刑になる大将土肥原賢二は、教育総監として敗戦を迎えた後の八月二五日にこの軍管区の司令官に任じられ、その役職のまま九月二三日にA級戦犯容疑者として身柄を拘束されている。在任一カ月に満たない司令官だったが、陸軍組織の消滅を目前にして、残っていた機密費でかつての部下たちが巣鴨プリズンに差し入れをしたということのようである。

傘下部隊からの返納金は二件記録されていた。「幡第三六六四〇五部隊からの四三円六五銭」と、「浦兵団からの三三二円九一銭」であるが、そうした几帳面な部隊から戻ってきた分も含め、一銭も余すことなく機密費は使い果たしていた。終戦業務処理委員も上陸地支局も実態は不明であるが、要するに陸軍の組織内ですべてを配分したことを示すものである。

このような経理処理が、返納したごく一部を除いて、陸軍のほぼすべての部隊や組織で行われたのだろう。第一復員局法務調査部長として、東京裁判で陸軍関係の業務を担当した陸軍法務中将の大山文雄は、「陸軍省から第一復員省に引き継がれた機密費は約二〇〇万円だった」と法務省が後年に実施した聴き取り調査に証言している。当初の弁護士費用などはそこから捻出し、東京裁判の準備で金に困ることはなかったと語っている。単年度で四億円近くまで膨らんだ機密費は、わずか二〇〇万円を除いてきれいにどこかに消えていたのである。

作成の日時はなかったが、盛り込まれた数字と国会の会期を付き合わせてみると、この「議会答弁資料」が作られたのがいつだったのか推測ができる。

おそらく一九四五年一二月から二、三カ月の間のものである。

敗戦の年は秋を迎えると、陸軍の不透明な敗戦処理に国民から厳しい批判の声があがっていた。物資の処分や公金の扱いに対する疑念が高まり、臨時軍事費は大きな社会問題となっていた。一〇月八日の朝日新聞は「臨軍費の使途糺明　大蔵省へ移管の声昂る」の見出しで次のように報じている。

> 戦争責任論の熾烈化に伴い、尨大な臨時軍事費の内容その他の取扱いが各方面において問題とされつつある（中略）。即ち臨時軍事費は二十年度八百五十億円、支那事変勃発以来を合計すれば実に二千二百十九億円の巨額におよぶが、これが詳細なる使途内容その他の取扱は、財政当局たる大蔵省さえ関知するを許されず、殆ど軍の専断に委ねられ、一切が軍機の名の下に秘密とされてきた。しかるに終戦とともに戦争に関する一切が白日の下に暴（さら）されんとする今日、国民の税金と貯蓄によって賄われたこの尨大な臨軍費を軍が一体どういう風に使ったか、これを知ることは国民の権利であり、義務でもあるという声が国民の輿論として昂まりつつあるが、殊に終戦に際してとられた軍需会社に対する契約打切に伴う損害賠償、或は動員解除費等、その使途の一部にはともすれば国民の疑惑を招くが如き所も無きにしもあらずで、この事実が右の要望に拍車を加えている。

一〇月二二日の読売報知新聞は「いまや国民の憎悪と猜疑に満ちた眼は鋭く臨時軍事費に向けられている」と報じている。買掛金や工事費などの名目で臨時軍事費が勝手に支出されたり、軍需物資が無秩序に処分されたりといった事態が相次いで明るみに出ていた。

一〇月三一日の朝日新聞には、陸軍省記者会の質問に答える陸軍省主計課長の一問一答が載っている。「軍需品の処理に遺憾の点が多かったが、その事情は」「混乱の処理の対応策は」などの質問に、「終戦の聖断が余りに突然で、全軍が混沌状態に陥った」「悪質者は断乎処分する方針である」などと答えている。

その中に、こんな問答があった。

問　終戦にともなう個人給与に不適正なものがあり、将校一人の退職金が一〇万円、二〇万円におよぶものがあるとの噂が流布されているが、真相はどうか。

答　退職金が一〇万円になるという事実は全然無い。もしそのような巨額を取得したものがあれば、不法行為であり、断乎処分する。退職賞与は、上は大将から下は二等兵、雇員にいたるまで一律に内地一年分の俸給に戦時増俸一年分を加えたものを給与した。(中略)大将の退職賞与も一万円に達しない。勤続四〇年の大将も、復員の一日前に任官した下級職員も一律に一年分というのは不公平だとの声もあったが、数百万に達する巨大要員を迅速に復員せしめるためにはやむを得ない処置である。

陸軍を解体する際に配った退職金は、階級によって以下の通りであった。

大将　九五四〇円

大佐　六六六〇円
大尉　三一八〇円
曹長　一八〇〇円
伍長　　三四〇円
二等兵　一六〇円

〈一律で不平等〉というほどの金額が兵士に配分されているとも思えないが、注目すべきはこの額を決めて陸軍省が通達したのが八月一八日であることだ。敗戦からわずか三日後。主計課長の説明とは裏腹に、とても混乱していたとは思えない手回しのよさで、一〇九〇円までは現金で、それを超える分は三カ月の定期預金証書で支給している。持っている資産を配分するための準備が、敗戦を想定し周到に進められていたことを思わせる。

特別保管金

二点あった「議会答弁資料」の残りの一つは、この退職時の手当に絡むものであった。「特別保管金」との題があり、「陸軍省等の職員に退職賞与以外を支給した事実はないのか」との質問を想定した答弁である。

「終戦解散に際し、多年の勤労に報いるため判任官以下、ならびに一部の気の毒な事情のある武官、高等官に特別に退職手当を支給しました」と説明し、支給の人数と金額を以下のように示している。

陸軍省　　人数　　金額

将校	若干	六六万四〇〇〇円
高等文官	九八	三三万六〇〇〇円
判任官	六三六	一一四万四九〇〇円
雇傭人	一一四六	一三五万五四〇〇円
計		三五〇万三〇〇〇円
参謀本部		
将校	若干	一二万一〇〇〇円
高等文官	九〇	三一万五〇〇〇円
判任官	五七六	一四四万円
雇傭人	九三〇	九三万円
計		二八〇万六〇〇〇円

支給総額は六三〇万六三〇〇円である。陸軍省に六〇六万円、参謀本部に三〇〇万円が公債で蓄えられていたと説明している。「本資金は機密費ではなく、共有金的な特別保管金であります」と問わず語りに弁明しているが、公債という保管法は田中義一の時と同じであり、敗戦の少し前まで陸軍次官だった柴山兼四郎が「六〇〇万円ほど貯まっていた」と尋問に語っていた金額とも一致する。

まずはその機密費であることに疑いはないだろう。

さらに「どうして蓄積されたのかは今日ではわからないが、歴代の長官が有事に備えて苦心して蓄えた〈ヘソ繰り〉と思われる。支那事変勃発後は、所用の資金は機密費として使用を許されたので、今日まで一切手をつけずに終戦に至った」と苦しい釈明を重ねている。

残金は約二七五万円という計算になる。第一復員局法務調査部長だった大山文雄の証言に近似するが、その関連は分からない。ちなみに、この答弁資料では、残金は靖国神社に寄付したいとの意向を示している。

公債は支那事変以前のものだとも説明している。盧溝橋事件のあった一九三七年時点で換算すると、陸軍省と参謀本部を合わせた九〇六万円は今日なら一五〇億円ほどに相当する。何とも豪勢な〈ヘソ繰り〉である。

どのような人が受け取ったのだろう。高等文官を例に考えてみよう。軍人である武官が枢要な役職を独占していた陸軍では、他の省庁とはかなり事情が違っていたが、将校に相当する勅任官と奏任官が高等文官であった。職員数は「陸軍省統計年報」に見ることができたが、国会図書館にあったのは一九三七年版が最後で、それによると高等文官は五三九人であり、技師、教授、法務官が多くを占めている。その後、戦線が拡大すると占領地域の行政を担う軍政理事官といったポストが相当数設けられており、敗戦段階での陸軍の高等文官は一〇〇〇人前後だったと推定できる。

この答弁資料によると、高等文官で受け取ったのは陸軍省と参謀本部で計一八八人なのだから、説明の通りにその一部である。〈気の毒な人〉を外地も含めて選別することが可能だったとも思えない。参謀本部は一〇月一五日で、陸軍省は一一月末で廃止されているので、おそらくは東京やその周辺にいた人間だけが対象だったのだろう。金額は一人当たり三五〇〇円である。先に示した退職賞与から見ると少佐への支給額に相当する。戦地手当なども含めた少佐の俸給一年分なのだから、十分にまとまった金額であったはずだ。

受け取った将校の数が〈若干〉とされているのは、多少なりとも恥じらいを示すものなのかもしれないが、金額が高等文官と同じだと仮定すると、陸軍省と参謀本部で二二四人の将校が受け取った計算になる。

記者会でも、国会でも質問されることがなかったので、その後、戦後空間を通して覆い隠されてきた事実なのだろうが、三〇〇万人を越える国民を死に追いやった戦争が終わったばかりで、〈気の毒な人〉は世の中にあふれている中、そうした惨状に最も大きな責任のあるはずの陸軍中央にいる軍人や職員だけで、裏金として蓄えていた公金を山分けしたということのようである。

特別会計の決算

陸軍省と海軍省が廃止されたことにともない、臨時軍事費特別会計は一九四五年一二月一日に大蔵省に移管された。年が明けて一月二一日、ＧＨＱは臨時軍事費特別会計からの支出を禁じた。そして二月二八日をもって臨時軍事費特別会計は終結した。

どう使うのか何の指定もないままに巨額の戦費を計上する会計制度であった。特別会計全体が巨大な機密費ともいえた。帝国日本を、軍人たちを、戦争へと駆り立てた大きな要因の一つであったことは間違いないだろう。

その決算が帝国議会に提出されたのは、それからさらに一年を経過した一九四七年三月二二日であった。陸軍省高級副官だった菅井斌麿（としまろ）を呼び出しエドワーズが最初の尋問を行った二日後に当たる。

衆議院決算委員会の審議は二四日にスタートした。一九三七年以来の臨時軍事費特別会計の総歳出は一五五三億九七二一万八三四二円五八銭八厘であり、その中から五四件、総額五億二五七四万二五〇七円を〈不当支出〉と指摘する会計検査院の検査報告も提出された。多くは兵器の購入や工事の発注に絡むもので、解散に当たって規程を超えて給料を支払った部隊があったとの指摘を含んでいるが、機密費をめぐるものは見当たらない。

衆議院決算委員会では六日間にわたり審議しているが、回収できない前渡金の処理、戦時中に集められたダイヤモンドの行方、物資の横流し問題といったことに時間の多くが割かれている。

最後となった三一日の委員会は、会計検査院の五四件の指摘のうち三八件を〈不当〉、六件を〈警告〉、一〇件を〈注意〉とし、「その他は全部是認すべきもの」と全会一致で決定し、開会からわずか八分間で終了した。この委員会での延べ審議時間は七時間二七分であった。敗戦直後に日本社会にみなぎっていた臨時軍事費への怒りや疑念はすでに薄れてしまっていたようである。

すかさず本会議に委員長が報告すると、議場から「異議なし」の声があり、議長が「御異議なしと認めます。よって本件は委員長報告の通りに決しました」と宣言した。

長きにわたった大日本帝国の戦争を財政的に支え、ついには破滅をもたらした特別会計は、さしたる問題もなかったように、こうして波乱一つなく精算の手続きを終えたのであった。

この日は帝国議会最後の本会議であった。臨時軍事費特別会計の決算は実質的にその最後の議案であった。引き続き請願や建議の類を処理すると、議長が詔書を読み上げた。

「朕は、帝国憲法第七条によって、衆議院を解散する」

時に午後五時〇三分。万歳の声がわき起こり、議員たちは総選挙へ向け議場を駆け出して行った。腰を据えて検討するために、臨時軍事費特別会計の決算は、改選後に召集される新たな国会で審議するべきだとの意見もあったようだが、それが容れられなかった理由は帝国議会の会議録には見当たらない。もともとじっくり審議するという環境にはなかったのだ。

そんなどさくさの中、同時に成立した一九四七年の予算には見慣れない費目がひっそりと盛り込まれていた。

〈報償費〉——。「機密費は認めない」との姿勢をGHQは打ち出しており、一九四六年の予算に機密費は見当たらないが、実は内閣の予算にだけ報償費が計上されていた。その報償費が外務など他省にまで広がったのがこの予算であった。

「機密費とは違う」としてGHQを説得したのだろうか。それともこっそりと盛り込んだのだろうか。いずれにしても厖大な機密費が戦争においてどのような役割を果たしたのか、どう使われたのか、何らの検証も反省もないままに、こうして正体不明の報償費と名を変え、機密費の遺伝子はしっかりと引き継がれ、その後の日本社会をたくましく生き続けることになったのであった。

12 特命捜査の幕切れ

田中隆吉二冊目の暴露本

市ヶ谷台の法廷では首相や外相をつとめた広田弘毅の反証が行われた一九四七年一〇月一日、田中隆吉は二冊目の著作となる『日本軍閥暗闘史』なる書を出版した。

「満洲事変発生以来の陸軍の歴史は、皇道派統制派両軍閥の権力争奪を繞る抗争の歴史である」と説く序文の中で、「私を除いてはその真相を知るもの極めて少い事実を思い合せ、茲に意を決して筆を執った。（中略）私は長期期間の要職にあって、しかも皇道統制両派の何れにも属せず、常に第三者の立場にあって冷静に両派の為せるところを眺め得たのみならず、兵務局にあった時は、職掌柄幾多の文献、機密公文書を調査し、自己の体験でその真相を検討し得たので、私の述べるところは最も真実に近きことを確信するからである」と執筆の動機を記している。

エドワーズの特命捜査と同時進行で書き進めたのだろうが、機密費については「憲兵の暴威と機密費の濫用――軍閥跋扈の源泉」と題した章を設け、以下のように述べている。

皇道派及び統制派が政権を維持する手段として憲兵を濫用した反面に、多数の機密費がバラ撒かれた事実は、軍閥政治の裏面を物語る貴重な要素である。古今東西を通じて、政治なるものには必らず黄金の魔力がつき纏うことは隠れもない事実である。権力のみをもってしては決して久しきに亘って政権を維持することは出来ぬ。ある人は政治とは一にも金、二にも金であると喝破した。満洲事変の勃発とともに、それまで僅かに二百余万円に過ぎなかった陸軍の機密費は、一躍一千万円に増加した。支那事変の勃発は更にこれを数倍にした。太平洋戦争への突入の前後に到って、この機密費は臨時軍事費なる一本の予算の内に含まれてしまったため、その正確な金額は全く表へ現われぬようになった。しかし当時の陸軍の機密費が年額二億を超えていたことは確実であった。

ちりばめた具体的な数字はどことなく説得力を倍加させるが、あまり正確ではない。確認のための資料が手元にあったとも思えないので記憶が頼りなのだろうが、ためらいや曖昧さはなく、どこまでも断定的である。

そして、こう続く。

元来機密費なるものは、その使途には、何等の制限もないのみならず、会計検査の適用も受けない。従って若し責任者がその用途を誤るときは如何なる罪悪をも犯し得るのである。満洲事変以来陸軍の機密費が、軍閥政治を謳歌しこれに迎合する政治家、思想団体などにバラ撒かれたのは、私の知れる範囲だけでも相当の額に上る。近衛、平沼、阿部内閣等でも、内閣機密費の相当額を陸軍が負担していたことも事実である。これらの内閣が陸軍の横車に対し、敢然と戦い得なかったのは私は全くこの機密費に原因していると信じている。それらの内閣は陸軍の支持を失えば直ちに倒壊した。又陸軍の支持を受くる間は陸軍と一体であったから、この機密費の力は間接的に陸軍を支持する結果を生んでいた。軍閥政治が実現した素因の一として、私はこの機密費の撒布が極めて大なる効果を挙げたことを否み得ない。

頻繁に政権が交代した中、近衛、平沼、阿部の三つの内閣を田中は挙げているが、エドワーズが呼び出し尋問した三人の書記官長の内閣である。内閣の機密費を陸軍が負担していたとの記述を含め、田中が本来知るはずのない事実である。エドワーズが田中に尋問の内容を伝えていたことを物語るので、折々に田中に助言や解説を求めていたのだろう。

そしていよいよ破滅をもたらした東条内閣へと話は及ぶ。

東条内閣に到っては半ば公然とこの機密費をバラ撒いた。東条氏が総理大臣と陸軍大臣とを兼ねたとき土産として内務省に持参した機密費は百万円であった。この一事だけでも、陸軍から内閣に注ぎ込んだ機密費が如何に莫大な額に上っていたかは想像に難くない。昭和十七年春に行われた（総選挙で）推選候選者に与えられた金額は一人当り五千円であった。この時の選挙費だけでも五百万円は下らなかった。これらが陸軍より内閣に、内閣より選挙母体たる翼政会に渡された。この推選で当選した議員は『臨軍代議士』なる綽名が与えられ御当人も得意でいた。臨軍とは臨時軍事費支弁の意であったことというまでもない。このために臨軍代議士が東条内閣の施策に是非を問うことなく、唯々諾々として従順猫の如くであったことはまた已むを得ないではないか。

サーベルとピストルとを腰に下げた憲兵の威力とその恫喝は、当時の一億国民を全く慄伏（ママ）せしめた。国民は軍閥内閣の号令の前には、小羊のようになって、あるいは右しあるいは左し、唯々諾々としてその命令に従った。この間いわゆる指導階級の間には多くの黄金がバラ撒かれ、阿片の如く彼等の良心を麻痺せしめた。彼等は一切の批判を擲(なげう)って軍国政治を支持しこれを謳歌した。無智なる一般大衆はこれら指導者の言に従ってこれに阿諛(あゆ)し迎合するの外他に途はなかった。官僚は軍閥に追従することによって立身出世慾と物質慾を十二分に満たし、従順なる軍属的存在となった。実業家の多くは軍需産業の勃興によって莫大な利潤を獲得した。利潤の増加する処、彼等が軍閥万能論者となり、軍部礼讃者となるのは無理もない。かくして軍閥政治は東条内閣の出現によってその黄金時代を現出し、統制派は得々として国民に号令した。詮じつめればこれは憲兵と機密費の賜であったのである。

田中節全開である。検証不能の部分もあるが、大筋では間違っていないのだろう。この時期にこれだけのことを語る人物が何人もいたとも思えない。エドワーズが最後まで田中に頼ったのは、虚実の境が判然としないその大風呂敷にあったのだろう。

ところが、その田中の描いた構図に従い捜査を進めながら、エドワーズはいっこうに疑惑の核心に迫れなかった。

陸軍大将の今村均は関東軍参謀副長だった当時に部下の参謀だった田中の姿を回想録に記している。「軍の参謀たちが、殆んど毎晩のように、公費で酒食していることを、軍隊の将兵は憤慨しており、とくに軍の機密事項が、酒楼での参謀の口から女の耳に、女の口から一般市民の耳に、筒抜けになって」いるという事態を憂慮し、今村は関東軍司令部の参謀を対象に「公費の会食はすべて軍人会館で行う」との方針を打ち出し、市中の料理屋での公費宴会を禁じた。するとその翌日の夜、中佐だった田中隆吉が酔って今村の官舎を訪ねてきたという。「参謀副長の用務は、そんな馬鹿げた末節にあるのではありますまい。求めて世の笑いものになる。（中略）実に下情を解していない。（中略）副長の役はつとまりません」とまったく不機嫌な様子で礼をわきまえない言葉遣いで批判の言葉を繰り返し浴びせたという。

田中が機密費の受益者だったことは疑いがない。

直接関わった謀略だとして田中が第一次上海事変の内幕を明らかにしていることは先に紹介した。関東軍から受け取った金で中国人を雇い、日本人僧侶を襲わせ、日中間の軍事衝突を引き起こしたというものだ。

敗戦直後から饒舌に軍の内情を暴露してきた田中は、東京裁判の判決までに三冊の著作を刊行している。小林商工大臣の追い落とし工作などは、最初の本で明らかにしている。法廷での発言は速記録に残っている。田中の尋問調書は三一回分が残っており、児玉誉士夫の場合のように同席した尋問を含めるとさらに多い。一例を挙げると、一九四六年三月一一日には内務官僚の橋本清吉の尋問に立ち会っている。警察畑を歩んだ橋本に、右翼団体と軍部のつながりなどを訊くのがＩＰＳの狙いだったが、その場で口をはさんだ田中は「陸軍大臣の荒木貞夫が関東軍参謀長の小磯国昭に命じて機密費百万円を東京に送らせた」との話を語っている。

そうしたものを点検しても、田中が第一次上海事変の裏面に言及した痕跡は見当たらない。その一方で一九四六年七月七日の法廷に検察側証人として出廷した田中は、首相をつとめた平沼騏一郎の弁護人であるサムウエル・クライマン大尉との間でこんなやりとりをしている。

クライマン弁護人　あなたは一九三二年、即ち昭和七年に上海に居られたと言われましたが、それは例の上海事件の起こった時でありますか。

田中　イエス。

クライマン弁護人　この上海事件と申されました事件は張作霖事件、あるいは奉天事件と共通の計画の一部でありますか、それともこの一つ一つとは全然離れた独立の事件でありますか。

（ここでいう上海事件とは第一次上海事変であり、奉天事件とは満州事変のことのようである）

田中　上海事件は別々の事件であります。

クライマン弁護人　そういたしますと、お話の結論は、こういうこの事件のどれもが他の事件との一部として起きた、つまり共通事件の一部である、こういうものではなくて、全然別々にほかには関係なく起こった事件である、こう了解して間違いございませんか。

田中　上海事件は奉天事件の後において、上海において日支の関係が非常に悪化しまして、上海の事態が悪くなりまして、連合軍の協定によって陸戦隊が出動しました時に、各国の陸戦隊が出兵しましたが、その陸戦隊の区域内におきまして、日本の陸戦隊の警備区域と支那側の警備区域との接触点において衝突が起こった事件でありまして、奉天事件とは関係ありませぬ。

「川島芳子を使い第一次上海事変を引き起こしたことを田中隆吉は東京裁判の法廷で証言している」といった言説が書籍やネット空間に散見される。気になるので関連する資料を点検してみたが、そのような発言を確認することはできなかった。田中が第一次上海事変の内情を語り始めたのがいつだったのかを厳密に特定することは難しいが、少なくとも東京裁判の終結の後である。自らが関わった機密費の核心部分を、田中はエドワーズら検察官に明かすことはなかったのだ。

田中の記憶力は抜群だとＩＰＳの検察官は舌を巻いた。だが、その程度の能力は秀才揃いのエリート軍人ならさほど珍しくはなかっただろう。田中が特異だったのは、それをためらいなく語ることだった。信憑性の乏しい伝聞でも断定的に語っている。関わったことのなかった新聞班について田中が語った情報などは、本来聞きかじりや憶測のレベルではなかったのか。紙の配給制度に加え、執拗な〈懇談〉、思想警察による暴力的弾圧といった手段を通して言論を統制するという目的は達成できていた。機密費を大量、広範にバラ撒く必要があったとは思えない。

陸軍の要路での勤務を経験した田中は、それでもＩＰＳにとって代わる存在のない重要な情報提供者であった。その対価として住まいや食料の提供を受けていた。ＩＰＳの求めに応じて情報を提供することは田中の生業となっていた。〈証人業〉とも揶揄されている。占領軍の情報を求めたり、働きかけを望んだりする日本人も田中のもとへ通っていた。ロビイストとしても希有な存在となっていた。

度重なる証言や尋問を通して、田中には独自の戦争物語ができ上がっていた。個々の被告への個人的好悪の感を強く反映させた物語であった。細部に至ると矛盾を隠せず、エドワーズにしても、田中の筋書きにそって尋問を進め何度も煮え湯を飲まされていた。信憑性や精度に疑問を抱いていたはずだが、それでも田中に頼り続けた。

それはなぜだったのだろう。

ＩＰＳの内情——慢性的人員不足

敗戦国の日本を支配した絶対権力の連合国軍総司令部（ＧＨＱ）。その傘下で戦争犯罪を追及したＩ

PSであったが、残された行政文書はこの組織の内部事情を伝えている。

検察官の定着率が悪く、慢性的な人員不足に悩んでいたのだ。

ドイツのニュルンベルク裁判はアメリカ、イギリス、フランス、ソ連の四カ国によって設けられ、各国が首席検察官を任命し、訴追や法廷活動では各国が関係のある部分を担当する分業制だった。

それに対してGHQが設置した東京裁判では、統一した組織としてIPSが設けられた。一九四六年八月二〇日時点のIPSの人員表が残っている。数えてみると総勢一九〇人である。総務部、捜査部、文書部、言語部、写真部と機能別に部があり、そのほかにソ連部、イギリス部などと検察官の国ごとに一〇の部がある。

だが、アメリカ部はない。国ごとに数え集計してみると、ソ連が二二人、イギリス九人、オーストラリアとオランダが各五人、ニュージーランドと中国が各三人といった具合でアメリカ人以外の合計は五二人である。残りの一三八人、つまり全体の七割以上はアメリカ人である。IPSそのものがアメリカ部のようなものであった。

IPSの主力である肝腎のアメリカ人検察官は定着率がはなはだ悪かった。エドワーズが在籍していた一九四七年九月時点の名簿によると、勤務者は二〇人で、うち四人は自分の意思では離任できないと考えられる軍人である。その一方でそれまでに帰国した者は四一人に上っている。IPSが設けられた一九四五年一二月段階でアメリカ人検察官は二四人を数えることができるが、二一カ月経った一九四七年九月に、その中で残っていたのは首席検察官のキーナンを含めても四人にすぎない。めまぐるしく検察官は入れ替わり、わずか数週間で日本を去ってしまった者もいる。

それなりの高給だったようだが、荒廃した東京での生活は快適ではなかったのだろう。さらに、アメリカでの注目度はニュルンベルク裁判に比べると格段に低かった。東京裁判にはアメリカ人の目からすると、ドイツのナチス首脳のような誰でも知っているスター的存在がいなかった。東条にしても真珠湾攻撃時の首相であり、一番の敵役には違いなかったが、ナチスが政権を握った一九三三年の時点では、大佐で参謀本部の編制動員課長にすぎなかった。ヒトラーに次ぐナンバー2で空軍総司令官のヘルマン・ゲーリング、総統代理のルドルフ・ヘス、国防軍を率いた陸軍元帥のヴィルヘルム・カイテルらとは知名度、存在感とも比べようもなかった。ヒトラーの外交を担いながら、ナチス政権では新参者とされたヨアヒム・フォン・リッベントロップが外相になったのは一九三八年だが、その時、東条はまだ関東軍参謀長であった。検察官の責任者にしても、ニュルンベルクのロバート・ジャクソンは司法長官を経験した現職の最高裁判事だったが、東京のキーナンは司法省の元局長。軽重の差は歴然である。

定着率の悪い検察官の確保にＩＰＳは苦心していた。バージニア州で検察官をしていたタベナーが熱心に勧誘され、一日も早く赴任するように求められていたことを伝える文書が残っていた。タベナーの来日は一九四六年の三月で、五〇歳であった。戦争が終わりようやくほっとしたのに、本国での仕事をなげうち単身で駆けつけるほどの魅力を感じる法律家は少なかったのだろう。

来日までの経緯や経歴を示す資料は見つけられなかったが、エドワーズも、そのような状況下でＩＰＳがどうにか確保した法律家の一人であったはずだ。

エドワーズが東京に到着したのは一九四七年二月三日であった。検察側の立証が終了し、裁判長が三週間の休廷を宣言した、まさにその日のことであった。

翌日の検察官会議でいくつかの任務を与えられたが、何人かで担当するもので急を要するものはなかった。そして着任から一〇日後、エドワーズは機密費の捜査を命じられた。機密費の実態解明を思い立ったタベナーが、IPS内を見渡した時に、赴任早々で当座の業務を抱えていないエドワーズが目に付いたというような事情が思い浮かぶ。

制度も文化も言葉もまったく違う到着したばかりの異国で、エドワーズに与えられた初めての本格的な任務が機密費の捜査だったのだ。タベナーの指示に従い意欲的に捜査に乗り出したのだが、頼りにしたのは虚実の判然としない田中の描き出したシナリオであり、いつしか追いかける対象は、容易には捕捉できない日本の政治行政組織の闇そのものになっていた。

そしてその闇は深く暗かった。

GHQ四一二号室

何らかの使命感を抱いて太平洋を越え、IPSへと馳せ参じたのだろう。寒さの厳しい二月に廃墟の日本にやってきて八カ月余、エドワーズが東京で公の場に姿を現したのは、田中の本が出版された三週間後、一〇月二一日がおそらく最後であった。場所は皇居前、日比谷濠を見下ろす第一生命ビル。この時期の日本を支配した連合国軍最高司令官総司令部(GHQ/SCAP)の本拠である。

午前八時五〇分、四階の一二号室に、IPS幹部のサットンとゴールスビー中佐が姿を現した。ほどなくカーク大佐、ノイス大佐らGHQ側からの四人が顔をそろえた。

労働協約に基づく苦情処理委員会の開催であった。カーク大佐は、その委員長である。職場での扱いをめぐりエドワーズが申し立てた不服に対して、委員会が双方の言い分を聞く聴聞の場であった。意見が採用されない。思った通りに捜査をさせてもらえない。懸命に働いているのにまったく評価されない。〈職場での扱いが不当だ〉と訴え出たものであった。

カーク大佐の手元には、エドワーズの申し立てに対し、タベナーがまとめた上申書が置かれていた。エドワーズが本来担当するはずだった被告人板垣征四郎の個人反証が始まった一〇月六日に書き上げ、副総司令官に宛てて提出されたものであった。

次のような内容である。

一九四七年二月からジョセフ・キーナン首席検察官が帰任する八月一〇日まで、私は検察官の任務をめぐるすべてを担当してきました。

二月の初め、私はエドワーズ氏に任務を与えました。ロペス少佐、ロビンソン大尉と一緒に、弁護段階における板垣、武藤、木村の三被告に関するすべての業務を担当するようにという内容でした。それが主要な任務であると私は考えていました。

二月一三日、私はエドワーズ氏に、一時的に〈シークレット・マンチュリアン・ファンド〉について捜査するように要請しました。二、三カ月あれば完了できるだろうと考えました。彼は二月二一日に、捜査の見通しについての報告書をまとめてきたので、当面はこの捜査に専念して、それが終わったら本来の業務に戻るようにと伝えました。

三月一八日ごろ、進行状況の報告を提出するようにと彼に要請しました。以来、捜査の終結を急ぐようにと彼には直接、数え切れないほど要求してきました。しかし、その仕事についての結論を私はいまだ何も得ていません。

六月二〇日の前でしたが、この先も捜査に二、三カ月もかけるなど考えられないので、打ち切るようにと命令的に伝えました。彼に割り当てていた被告についての業務に支障が出ていたばかりでなく、彼の最も重要な任務であった板垣についての個人弁護は本日ついに始まってしまいました。

エドワーズ氏はしばしば体調が悪いと主張しました。そうした問題についても彼と話し合いましたが、どうするかは彼に一任していました。

六月二〇日に、私たちには緊急の任務が発生しました。それはすべてのゆとりを奪い、それまでのすべての任務割り当てを一時的に取り消すことが必要となりました。巣鴨に収監している、あるいは自宅軟禁している人物について調査し、ワシントンに報告することを求められたもので、七月二日に終える必要がありました。エドワーズ氏には二人の被告を割り当てました。エドワーズ氏を除くすべての検察官は、指定された日までに業務を終えましたが、エドワーズ氏からの報告書は一人分も、七月二二日になるまでありませんでした。

そして結局、指定された日時までにワシントンに調査結果を送ることができませんでしたが、私は驚きませんでした。その仕事が指定された期間にできなかったことに理由などないのです。

エドワーズ氏がこの仕事を始めた時に、私たちの組織にとって貴重な新たな戦力だと思いました。しかし、これまでの五、六カ月の失望の経験は、私に確信をもたらした。彼に重要な任務を与えたことは、私の不明であったと。

〈無能者〉。タベナーはそう断じていた。〈どうしようもない〉と見限り、突き放していた。

遅刻したエドワーズが姿を見せたのは九時五五分だった。

エドワーズはサットンに尋ねた。

「私の仕事に対する低い評価は正当なものだと考えているのですか」

「どの点についても、正当な評価でしょう」。サットンはそう返答したうえで、「臨機応変であることや決断力といった点ではとても優れているが、ＩＰＳの業務で求められている能力はそうしたものではないのです」とその理由をいくらか婉曲に説明した。

エドワーズは納得しない。より直截（ちょくせつ）な答えを求めサットンに再度尋ねた。

「今年の二月三日から九月三〇日までの私の仕事をどう評価するのですか」

サットンは「尋ねられなければ、このようなことで見解を述べることはありませんが」と前置きしたうえで語った。「ＩＰＳにおけるあなたの仕事ぶりは満足できるものではありませんでした」

エドワーズは反論した。

「あなたとタベナー氏は、多くの場面において私の提案に同意しなかったではありませんか」

不満の思いがほとばしる。

「あなたがしたいという捜査の計画に、私たちは何度も賛成しました」。サットンは諭すように返答した。「それと同時に、捜査を終結させ、急いで報告書をまとめるようにとお願いしてきました。しかし、私たちはいまだに最終報告書を受け取っていないのです。ですから最終的なあなたの判断が正しかったのか、間違っていたのか、私たちには判断ができないのです」

その時、委員会側から問いかけがあった。

「エドワーズ氏に与えられた任務は、他の検察官よりも難しいものではなかったのですか」

サットンは答えた。

「取り組んだ仕事がエドワーズ氏の実力や能力を超えるものであったのか、あるいは準備的段階の報告書の中で彼が示した問題点をはっきりさせることが不可能であることを冗長に主張しようとしているのか、そのどちらかのように私には思えます」

カーク大佐はエドワーズに尋ねた。

「何度もタベナー氏の名前を口にされましたが、質問したいことがあるようでしたら、委員会の職権でタベナー氏を呼ぶことができますが」

エドワーズは手短に答えた。

「それは望むものではありません」

それ以上の主張のないことをエドワーズに確認すると、委員長は聴聞の終了を宣言した。時計は午前一一時三五分を指していた。「お忙しいなか、出席ありがとうございました」との委員長の言葉を最後に、サットンとゴールスビー中佐は部屋を後にした。


〈シークレット・ファンド＝機密費〉をめぐる特命捜査は、こうして幕を下ろしたのだった。関連する記録はこの日をもって途絶えている。委員会がどのような判断、裁定を下したのか、さらには、おそらく失意のうちに帰国の途についたであろうエドワーズの、その後を伝える資料はどこにも見当たらなかった。

おわりに――清算されなかった過去

闇の中に垣間見えてきたもの

検察官ウィリアム・エドワーズが命じられたのは、IPSが証拠として東京裁判の法廷に提出した機密費をめぐる五点の記録についての補充捜査であったが、尋問を重ねるうちに課せられた領域をはるかに超えて関心は膨らみ、捜査はいつしか日本の権力中枢における機密費の核心部分に迫るものになっていた。予備知識もなければ地図も装備もないままに乗り出した冒険か探検のようなものであり、外部の者には決して見せたことのない姿を追い求めているという自覚もないままに、踏み込んだ先に待っていたのは果てしなく広がる闇だった。頼りにしたのが田中隆吉という怪しい道案内だったこともあり、目指すものが何なのかさえ定かに認識できないままに迷走を重ね、あえなく遭難に至ってしまった。

残された記録は、いうなれば漂流記であるが、同時に人跡未踏の地の探訪録であり、それらを読み解き、断片的に残されていた情報とつなぎ合わせてみると、謎とされてきた機密費の正体が垣間見え、これまで光の当たったことがないであろう観点からの歴史像が浮かび上がってきた。

日本が破滅へと向かう戦争の第一歩となった満州事変は、機密費がぎりぎりにまで削り込まれた段階で企てられていた。ところが、いったん戦争が始まると状況は一変し、あり余る機密費がもたらされ、危機が拡大、長期化するにつれ軍人を潤す余禄は増えていった。

陸軍の皇道派と統制派の相剋を岡田啓介は〈機密費をめぐる争い〉と確言していたが、機密費の規模は岡田が考えていたよりもはるかに巨大であり、お裾分けのように政権に上納する仕組みまで作られ、陸軍の派閥どころか、首相の政治活動をさえ左右するようになっていた。

この上納システムがいつ生まれたのかを尋問調書から知ることはできなかったが、岡田の発言からすると、一九三六年の二・二六事件で倒れた岡田内閣の段階にはなかったと考えていいのだろう。一九三九年一月に平沼騏一郎内閣が誕生した時には存在しているのだから、その間の広田弘毅、林銑十郎、第一次近衛文麿という三代の政権のどこかで始まったことになる。

一九三六年までは七〇〇万円台で推移していた陸軍の機密費は、盧溝橋事件を発端に日中戦争（支那事変）が勃発した一九三七年に二七七〇万円に、一九三八年には四五三〇万円に急増している。海軍は一九三七年に五二〇万円だったのが、翌年には一三〇〇万円と倍以上に増えている。日中戦争の臨時軍事費特別会計が設けられたことで機密費も一気に膨れあがり、上納金をひねり出すことが可能になったという構図が浮かび上がる。おそらくは第一次近衛内閣でのことだったのだろう。どこに国家意思の決定機能があるのか不明確なままに、中国での戦争が拡大し泥沼化した時期であったが、そうした歴史の大きな分岐点にあって、軍人と政治家が癒着、結託し、実に都合のいい錬金術が生み出されていた。何にでも使える万能の財布であった。

それにしても巨額である。政友会の総裁になるために田中義一が機密費から持ち出した持参金は三〇〇万円であったが、陸軍と海軍が上納のため確保したのは毎年各五〇〇万円であった。

そうした厖大な機密費はどこへ消えたのだろう。機密費という言葉からは、とかく機密活動といった使途を連想しがちだが、日露戦争や満州事変での実例を検討してみると、そうした活動に投じられた金額はその後の機密費の規模から見ると、実にささやかなものに過ぎなかった。

人道や平和に対する罪を問うたのが東京裁判だった。そうした犯罪の道具として軍閥が使ったと睨んでタベナーが命じた〈シークレット・ファンド＝機密費〉の捜査だったのだが、機密費の正体は、そうしたIPSの見立てとはいささか違っていたということのようである。

軍閥の抗争？

巻頭に掲げた岡田の発言の妥当性を判断できる具体的な証言は尋問調書には見当たらなかった。機密費をめぐる探索のしめくくりに陸軍の派閥抗争の歴史を簡単にたどってみよう。

明治以来の陸軍において、最大の勢力を誇ったのは長州閥であり、それに対抗する薩摩など諸派閥と確執を繰り返した。シベリア出兵の機密費を流用し首相にまで登りつめた田中義一は長州閥の最後の領袖であった。

そうした長州閥を軸とした出身地による郷党閥間の抗争が昭和陸軍の派閥を産み出すのだが、大きく二つの現場があった。

一つは将官級のトップ人事を舞台としたもので、ピークとなったのが田中義一の後継の陸相ポストをめぐる争いだった。関東大震災の大惨事からわずか四カ月後の一九二四年早々のことで、田中は次官の宇垣一成を推した。一方、薩摩を中心とした九州閥からは長崎出身で台湾軍司令官などを歴任した福田雅太郎が候補だった。田中は参謀総長河合操の助力で、この抗争を勝ち抜いた。河合は九州の中で唯一長州閥に親和的な大分の出身だった。ここで一敗地にまみれた大分を除く九州閥がその後、皇道派結集の核となる。

もう一つは、佐官級の中堅幕僚の動きだった。田中義一が陸軍の実権を握っていた一九二一年、三人の少佐によってなされた〈バーデン・バーデンの盟約〉はその後の陸軍を語る際のある種の神話となっている。陸軍士官学校の同期生でヨーロッパに居合わせた永田鉄山、小畑敏四郎、岡村寧次の三人が、ドイツ南部の保養地に集まり陸軍の革新を誓ったとされるもので、目指す目標の筆頭に掲げたのが「長州閥を解消し人事を刷新する」ことだった。

この三人が帰国し呼びかけると、板垣征四郎、土肥原賢二、東条英機、山下奉文らが参集した。陸軍大学校卒の非長州系エリート軍事官僚であることが共通項で、一九二九年に一夕会を結成。①人事の刷新、②満蒙問題の解決、③荒木貞夫、真崎甚三郎、林銑十郎の三将軍を守り立てながら陸軍を立て直す――を基本方針とする。会員は三〇人ほどで、中堅幕僚という地位をフルに活用し、陸軍大学校の入学試験で長州出身者は面接を通さないといった具合に力を発揮するようになる。

九州閥との暗闘の末に、田中義一が後継に据えた宇垣一成は岡山の出身だった。長州に適任者がいないためだったが、宇垣の大臣在任は五年に及んだ。その間に、田中は首相になったものの張作霖爆殺事件をめぐり失脚し、死亡。その一方、宇垣は人事で出身地を問うことはせず、次第に長州閥は影を潜め、登用された幕僚によって宇垣系と呼ばれる集団が形成された。

長州閥という宿敵の存在が後景に退くと、満蒙問題や国家革新が優先課題として浮上した。そうして迎えた一九三一年、宇垣を首相にしようとした三月事件、関東軍による満州事変、クーデターを企図した十月事件と佐官級将校たちが中心になった不穏な企てが連続する。

その年の暮れ、一夕会が大きな期待を寄せた荒木貞夫が陸軍大臣に就く。すると荒木の行う人事をめぐり一夕会は分裂する。近しい人間を荒木は重用し、真っ先に台湾軍司令官だった真崎甚三郎を参謀次長として呼び寄せた。陸軍では大臣、参謀総長、教育総監を三長官と称し、人事は三長官の合意により行うことになっていた。当時の参謀総長は閑院宮で、皇族は俗事にかかわらない建前から次長が代行していた。こうして荒木と真崎による人事が始まり、起用された者たちが皇道派となった。それに対して荒木に距離のある人物が統制派と呼ばれるようになる。

バーデン・バーデンで盟約を交わした当事者は、小畑が皇道派の代表的存在に、永田が統制派の顔となり、袂(たもと)を分かった。

皇道派は強い精神主義と反共主義を特徴とし、統制派はヨーロッパのファシズムをモデルに国家総動員体制による高度国防国家の建設を目指したなどと、思想や政策、対外姿勢などの面から分析されることが一般的だが、皇道派は九州に縁のある者が中心であり、統制派には宇垣系とされた者が多かった。

両派の対立は一九三五年に軍務局長の永田が執務室で斬殺されるという形で噴出するが、荒木の後任の陸軍大臣林銑十郎によって、皇道派の総帥となっていた真崎が教育総監の座から更迭されたことが引き金となったもので、確執の中心にあったのはポスト＝人事であった。真崎は反長州の気風の強い佐賀の出身であった。
エドワーズの尋問で名前の挙がった中では、機密費を確保し気前よく配っていた柳川平助が皇道派である。陸軍省で要職の経験はなかったが、騎兵学校長を経て騎兵監のポストにあったのを荒木が陸軍次官に起用した。軍人勅諭を毎朝唱えるのが日課で、陸軍きっての尊皇敬神家として知られ、長崎生まれの佐賀育ちという九州人であった。捜査の端緒となった機密費の記録に名前のあった小磯国昭は、柳川の前任の次官であり統制派である。宇垣体制のもとで整備局長、軍務局長と栄進したが、荒木の人事によって次官在任わずか五カ月で関東軍参謀長に遠ざけられた。ちなみに、著作では無派閥を強調していた田中隆吉は宇垣に近く、現役当時は統制派に色分けされていた。

当初優勢だった皇道派は二・二六事件で力を失う。その後は、東条に代表される統制派が陸軍の要職を独占し、政治までを支配するようになる。

そうした抗争を、機密費という利権の奪い合いだったと岡田啓介は喝破したのだった。その発言に照らして振り返ってみると、二つの派閥は機密費の急増した時期に誕生し、機密費が潤沢になるにつれ対立を深めていたことは確かな事実であった。五〇〇円の工作費をめぐり諍いをしていた軍人たちが、待合や料亭で会合することが日常化し、周辺には酒色がつきまとうようになる。二・二六事件の直前に、青年将校に乞われ真崎は資金を提供しているが、額は五〇〇円であった。派閥抗争に敗れ軍事参議官という名誉職に追いやられた真崎には自由にできる機密費がなかったのだろうが、大将の給料一月分に相当し個人で支弁するには決して少額ではない。高給とはいえない軍人の金銭感覚とは、本来そういうレベルのものだったのだろう。

機密費とは無縁と思える二・二六事件の青年将校たちにしても、刑死したことで困窮した遺族の生活を支えるために機密費を使ったと今村均が回想録に記している。今村が兵務局長だった一九三八年のことで、遺族を保険に加入させ、必要な時には融資を受けることができる仕組みで、保険の掛け金に総額数万円の機密費を使ったという。今日なら数千万から一億円程度に相当しそうだ。

機密費がなかったとしても派閥抗争や権力闘争は繰り広げられていたであろうが、陸軍という巨大組織において、その争いをより鮮やかに彩るうえで、機密費が少なからざるインセンティブ、エネルギー源、さらには保険の役割までを担っていたのは疑いのないことであった。

田中義一をめぐる陸軍機密費が問題になっていた一九二六年に、吉野作造はこう断じていた。「下らぬ仕事が下らぬ人によって、ただこの機密費のお蔭だけの為に企てられておるの事実が少くない。無ければ無くて済み、有れば有る程不足を感ずるという点に於て、機密費は蓋し遊蕩費と好一対のものである」(「軍事機密費に関する醜聞」)

私たちはとかく、「今日の日本は、あのように愚かで無謀な戦争をした戦前とは違う」といったナイーブな思いを抱きがちである。だが、この吉野の指摘が今日においても何ら意味を失っていないことは、外務省の要人外国訪問支援室長の詐欺事件(本書一八三―一八五頁参照)を思い起こせば十分だろう。その事件を契機に外交機密費の内閣官房への上納システムが明るみに出たが、権力の中枢における裏金の調達法は平成になってもエドワーズの捜査が明らかにした戦前の仕組みとそっくりであった。

戦前は軍、戦後は外交と、潜り込ませた先こそ違っていたが、「政府には明らかにできない活動があり、そのためは使途を明らかにしない資金が不可欠だ」と説くからくりの根本が何よりも同じであった。

敗戦の混乱の中、軍人も役人も懸命に文書を焼き捨てたことが逸話として語り伝えられている。機密費の記録も多くが処分されたようだが、こうしてたどってみると、占領軍に知られたら困るものがさほどあったとは思えない。そのほとんどは何よりも国民に見せる訳にはいかないものではなかったのか。戦争末期に極限まで膨らんだ機密費にしても、きれいにどこかに消えてなくなっていた。もとよりその原資は増税や戦時公債の濫発によってかき集めた国民の財産や貯蓄であった。倒産間際の経営者が資産や自社株を売り払い、ぬくぬくと私腹を肥やすといった犯罪行為にも似て見える。日本を戦争へ、破滅へと導いた集団的無責任体制のそれは最後の配当金だったのかもしれないが、分け前に与る(あずか)ことのできた人物は敗戦の混乱の中でも相当に有利な立場で再出発を図ることができたことだろう。日本の戦後社会は人的、組織的、そして精神的にも戦前からの強い連続性を大きな特徴としているが、そうした構造を支えた地下水脈の一端となったのだろう。

もっとも、それはさほど驚くことではないのかもしれない。三〇〇万人を超える国民を死に追いやった戦争の原因も責任も反省も突きつめることなく生きてきたのである。その結果できあがったのが、口をつぐんだ方が得をする、曖昧なことは曖昧なままの方が快適だという戦後の日本社会なのだろう。目を凝らしてみれば〈清算されなかった過去〉はあちこちにごろごろしている。機密費の問題はその一つに過ぎないのであろう。

素材となった資料

最後に本書の素材となった資料について説明しよう。

骨格となったのは『国際検察局（IPS）尋問調書』である。アメリカからもたらされたマイクロフィルムをもとに一九九三年に刊行された全五二巻の英文の資料集で、その中に含まれていたドイツ外交官の尋問調書をもとに、前著『虚妄の三国同盟』をまとめる過程で、最終の五二巻に〈Secret Funds（機密費）〉というファイルのあることを知った。A4版で三三六ページとそれなりの分量があり、時間を見つけては少しずつ読み進めた。徐々に内容はわかってきたのだが、IPSがなぜこのような捜査に乗り出したのか、そして、その結果がどのように扱われたのかを伝えるものは何もなかった。

機密費をめぐる尋問の中には、すでに翻訳、紹介されているものもあった。田中隆吉や笹川良一、児玉誉士夫らに関わる部分だが、そうした被尋問者からの視点では検察官の狙いは見えなかった。

どこかに手がかりがあるはずだ。そんな思いで、『国際検察局（IPS）尋問調書』に続き刊行された『東京裁判への道——国際検察局・政策決定関係文書』『東京裁判と国際検察局——開廷から判決まで』という各五巻の英文の資料集を繰ってみた。興味を惹く資料が何点かは見つかったが、疑問の本体には届かなかった。

刊行された資料集から漏れているものがあるのではと考え、国立国会図書館の憲政資料室で元になったマイクロフィルムも点検したが、めぼしいものは見当たらなかった。国立公文書館、外交史料館も調べたが収穫は同様に乏しかった。

以前ならここで諦めたのだろうが、インターネットは歴史資料調査をめぐる環境を劇的に変えている。まず気づいたのは、東京裁判で首席検察官を務めたジョセフ・キーナンの持ち帰った資料を、ハーバード大学の法科大学院図書館がネット上で公開していることだった。文書をスキャンした画像が大量に収まっている。これは期待が持てそうだと喜んだのだが、この資料群には目録に当たるデータがまったくない。そのために検索機能が使えない。探し出すには残りの人生をかけたとしても足りそうもないことを、数日挑んだだけで思い知らされた。

ところが困惑する間もなく、捜査の中心人物であったフランク・タベナーの収集した記録類を、母校バージニア大学の法科大学院図書館がウエッブ・サイト上で公開していることを知った。こちらはデジタル・アーカイブズとしてしっかり整備されていた。

〈William Edwards〉と検索すると、かなりの数の資料がヒットした。そこでめぐり会ったのが、冒頭に紹介したタベナーがエドワーズに宛てて書いた〈任務の確認書〉であり、タベナーが副総司令官に提出した〈エドワーズの勤務をめぐる上申書〉であり、苦情処理委員会に出席したサットンがその次第をタベナーに伝えた報告書といったものであった。

尋問調書の背後にあったIPSの意図や狙い、捜査の端緒や結末などが、そこでようやく見えたのだった。〈Secret Funds（機密費）〉のファイルの存在に気づいてから三年が経過していた。

日本でもインターネットでいくつかの資料を見つけ出すことができた。東条に機密費を上納していたことを陸軍省が認めた「議会答弁資料」など本文中で特に出典を記さなかった陸軍省関連の文書は、アジア歴史資料センターの検索機能で見つけ出したものだ。「東条　機密費」といったキーワードで検索を繰り返すうちにたどりついた。公文書の管理や公開をめぐる日本の体制はまったく不十分としかいいようがないが、それでも視点と手法によっては活用の可能性のあることを知った。

それらの資料の内容やその意味を考えるために、断片的に散在する関連情報を探し出し整理する作業を始めたのだが、どうにか納得できる所までたどりつくのに、さらに四年の歳月を要してしまった。

なお資料の引用に当たっては、仮名遣いや漢字の字体を今日のものに置き換え、漢字をひらがなにした場合がある。また語調を整えるために句読点を補い、表現に手を加えた箇所もある。英文資料は自分で読み解くことを基本としたが、すでに翻訳のあるものは参考にした。

刊行までには多くの人の力添えを得た。特に名は記さないが、深い感謝の意を表明する。

二〇一八年四月

渡辺延志

参考文献

《資料》

有山輝雄・西山武典編『同盟通信社関係資料』柏書房、一九九九年
粟屋憲太郎・吉田裕編『国際検察局(IPS)尋問調書』日本図書センター、一九九三年
粟屋憲太郎・永井均・豊田雅幸編『東京裁判への道——国際検察局・政策決定関係文書』現代史料出版、一九九九年
極東国際軍事裁判所編『極東国際軍事裁判速記録』雄松堂書店、一九六八年
小山俊樹編『近代機密費史料集成Ⅰ　外交機密費編』全六巻・別巻一巻、ゆまに書房、二〇一四—一五年
総務省統計局編『消費者物価指数年報　平成二十五年』日本統計協会、二〇一四年
日本統計協会編『日本長期統計総覧』日本統計協会、一九八八年
日本統計協会編『新版日本長期統計総覧』日本統計協会、二〇〇六年
ビックス、ハーバート・粟屋憲太郎・豊田雅幸編『東京裁判と国際検察局——開廷から判決まで』現代史料出版、二〇〇〇年
法務大臣官房司法法制調査部作成「大山文雄(元第一復員局法務調査部長・陸軍法務中将)聴取書」国立公文書館蔵、一九六三年
法務大臣官房司法法制調査部作成「A級極東国際軍事裁判弁護関係資料」国立公文書館蔵
松原慶治編『終戦時帝国陸軍全現役将校職務名鑑』戦誌刊行会、一九八五年
陸軍省編『昭和十二年陸軍省統計年報』陸軍省、一九三九年
GHQ/SCAP Records, International Prosecution Section(国立国会図書館憲政資料室蔵)

国立公文書館アジア歴史資料センター(http://www.jacar.go.jp/)
国立国会図書館帝国議会会議録検索システム(http://teikokugikai-i.ndl.go.jp/)
Joseph Berry Keenan Digital Collection, Harvard Law School Library(http://www.law.harvard.edu/library/digital/keenan-digital-collection.html)
The International Military Tribunal for the Far East Digital Collection, University of Virginia Law Library Special Collections(http://imtfe.law.virginia.edu)

《書籍・論文など》

朝日新聞法廷記者団『東京裁判』ニュース社、一九四六—四九年
有馬哲夫『CIAと戦後日本』平凡社新書、二〇一〇年
有馬哲夫『児玉誉士夫　巨魁の昭和史』文春新書、二〇一三年
粟屋憲太郎『東京裁判への道』講談社選書メチエ、二〇〇六年
粟屋憲太郎ほか編・岡田良之助訳『東京裁判資料　田中隆吉尋問調書』大月書店、一九九四年
一橋文哉『マネーの闇』角川oneテーマ21、二〇一三年
伊藤隆「大正十二〜十五年の陸軍機密費史料について」(『昭和期の政治・続』所収)山川出版社、一九九三年
伊藤隆『歴史と私』中公新書、二〇一五年
伊藤隆編『笹川良一と東京裁判』中央公論新社、二〇〇八年
伊藤隆監修・百瀬孝著『事典　昭和戦前期の日本』吉川弘文館、一九九〇年
稲葉正夫「臨時軍事費一千億の行方」『文藝春秋』一九五四年臨時増刊号
今里勝雄『軍備と税金の歴史』新紀元社、一九五四年
今村均『戦い終る』自由アジア社、一九六〇年
今村均『大激戦』自由アジア社、一九六〇年

岩畔豪雄『昭和陸軍謀略秘史』日本経済新聞出版社、二〇一五年
ヴァインケ、アンネッテ『ニュルンベルク裁判』中公新書、二〇一五年
魚住昭『特捜検察の闇』文春文庫、二〇〇三年
魚住昭「連載 わき道をゆく」(一九二回「金の力で世論を操ったんだよ」～一九六回「近衛新党の大誤算」)『週刊現代』二〇一六年一一月一九日号―一二月一七日号
宇垣一成『宇垣一成日記』Ⅰ、みすず書房、一九六八年
牛村圭・日暮吉延『東京裁判を正しく読む』文春新書、二〇〇八年
江口圭一『日中アヘン戦争』岩波新書、一九八八年
江口航「田中隆吉と国際検事団」『日本及日本人』一九六七年盛夏号～爽秋号
NHKスペシャル取材班『日本海軍四〇〇時間の証言』新潮文庫、二〇一四年
生出寿『帝国海軍軍令部総長の失敗』徳間書店、一九八七年
生出寿『海軍人事の失敗の研究』光人社、一九九九年
大蔵省編『明治大正財政史』財政経済学会、一九四〇年
大蔵省昭和財政史編集室編『昭和財政史』東洋経済新報社、一九五四―六五年
大杉一雄『日中戦争への道』講談社学術文庫、二〇〇七年
太田尚樹『東条英機――阿片の闇満州の夢』角川学芸出版、二〇〇九年
大谷敬二郎『落日の序章』八雲書店、一九五九年
大谷敬二郎『昭和憲兵史』みすず書房、一九六六年
大谷敬二郎『軍閥』図書出版社、一九七一年
大谷敬二郎『皇軍の崩壊』図書出版社、一九七五年
岡田啓介ほか「二・二六事件の謎を解く」『改造』一九五一年二月号
岡田貞寛編『岡田啓介回顧録』毎日新聞社、一九七七年

長志珠絵『占領期・占領空間と戦争の記憶』有志舎、二〇一三年
上坂冬子『男装の麗人・川島芳子伝』文春文庫、一九八八年
川田稔『昭和陸軍の軌跡』中公新書、二〇一一年
川田稔『昭和陸軍全史』1・2・3、講談社現代新書、二〇一四―一五年
菊池一隆『中国抗日軍事史』有志舎、二〇〇九年
北岡伸一『官僚制としての日本陸軍』筑摩書房、二〇一二年
木戸幸一・木戸日記研究会校訂『木戸幸一日記』東京大学出版会、一九六六年
鬼頭春樹『実録相沢事件』河出書房新社、二〇一三年
許世楷『日本統治下の台湾』東京大学出版会、一九七二年
清瀬一郎『第五十二議会に於ける余の機密費事件演説』新使命社、一九二七年
清永聡『気骨の判決』新潮新書、二〇〇八年
倉橋正直『日本の阿片王――二反長音蔵とその時代』共栄書房、二〇〇二年
桑原嶽『市ヶ谷台に学んだ人々』文京出版、二〇〇〇年
黒澤良『内務省の政治史』藤原書店、二〇一三年
小磯国昭『葛山鴻爪』小磯国昭自叙伝刊行会、一九六三年
児島襄『東京裁判』中公文庫、一九八二年
児島襄『日中戦争』文春文庫、一九八八年
児玉誉士夫『悪政・銃声・乱世』広済堂出版、一九七四年
小林一三「大臣落第記」『中央公論』一九四一年五月号
小林一三『逸翁自叙伝』図書出版社、一九九〇年
小林英夫『満州と自民党』新潮新書、二〇〇五年
小山亮先生伝記刊行委員会・日本海事新聞社編著『反骨一代――回想の小山亮』全日本船舶職員協会、一九七六年

佐野真一『阿片王――満州の夜と霧』新潮文庫、二〇〇八年
芝健介『ニュルンベルク裁判』岩波書店、二〇一五年
柴田善雄『戦時日本の特別会計』日本経済評論社、二〇〇二年
島田俊彦『関東軍』中公新書、一九六五年
周婉窈『図説台湾の歴史』平凡社、二〇〇七年
週刊朝日編『値段の明治大正昭和風俗史』朝日新聞社、一九八一年
週刊朝日編『続・値段の明治大正昭和風俗史』朝日新聞社、一九八一年
週刊朝日編『続続・値段の明治大正昭和風俗史』朝日新聞社、一九八二年
新宿歴史博物館編『尾張家への誘い』(特別展図録)新宿区生涯学習財団新宿歴史博物館、二〇〇六年
杉森久英『大政翼賛会前後』文藝春秋、一九八八年
杉山祐之『覇王と革命』白水社、二〇一二年
鈴木晟『臨時軍事費特別会計』講談社、二〇一三年
住本利男『占領秘録』中公文庫、一九八八年
千賀基史『阿片王一代』光人社、二〇〇七年
太平洋戦争研究会編・平塚柾緒著『図説東京裁判』河出書房新社、二〇〇二年
太平洋戦争研究会編・平塚柾緒著『図説写真で見る満州全史』河出書房新社、二〇一〇年
高宮太平『軍国太平記』中公文庫、二〇一〇年
武田珂代子『東京裁判における通訳』みすず書房、二〇一七年
竹前栄治『ＧＨＱ』岩波新書、一九八三年
田崎末松『評伝　真崎甚三郎』芙蓉書房　一九七七年
多田井喜生『朝鮮銀行』ＰＨＰ新書、二〇〇二年
田々宮英太郎『橋本欣五郎一代』芙蓉書房、一九八二年

立野信之『昭和軍閥』講談社、一九六三年
田中新一著・松下芳男編『作戦部長、東條ヲ罵倒ス』芙蓉書房、一九八六年
田中稔「父のことども」(『田中隆吉著作集』所収)私家版、一九七九年
田中隆吉「上海事変はこうして起された」『別冊知性』五号、一九五六年
田中隆吉「日本軍閥暗闘史」「敗戦秘話　裁かれる歴史」(『田中隆吉著作集』所収)私家版、一九七九年
田中隆吉『敗因を衝く——軍閥専横の実相』中公文庫、一九八八年
谷田勇『竜虎の争い——日本陸軍派閥抗争史』紀尾井書房、一九八四年
ダワー、ジョン『敗北を抱きしめて』上・下、岩波書店、二〇〇一年
譚璐美『阿片の中国史』新潮新書、二〇〇五年
中央公論社編『中央公論社七十年史』一九五五年
朝鮮銀行史研究会編『朝鮮銀行史』東洋経済新報社、一九八七年
通信社史刊行会編『通信社史』通信社史刊行会、一九五八年
東京空襲を記録する会復刻『東京都三五区区分地図帖　戦災焼失区域表示』日地出版、一九八五年
東京裁判ハンドブック編集委員会編『東京裁判ハンドブック』青木書店、一九八九年
歳川隆雄『機密費』集英社新書、二〇〇一年
戸谷由麻『東京裁判』みすず書房、二〇〇八年
戸部良一ほか『失敗の本質』中公文庫、一九九一年
富田健治『敗戦日本の内側——近衛公の思い出』古今書院、一九六二年
豊田穣『情報将軍明石元二郎』光人社、一九八七年
中田整一『最後の戦犯死刑囚』平凡社新書、二〇一一年
中田整一『満州国皇帝の秘録』文春文庫、二〇一二年
中野晃一『戦後日本の国家保守主義』岩波書店、二〇一三年

中野雅夫『橋本大佐の手記』みすず書房、一九六三年
中山隆志『関東軍』講談社選書メチエ、二〇〇〇年
西浦進『昭和陸軍秘録』日本経済新聞出版社、二〇一四年
日本火災海上保険株式会社企画部編『日本火災海上保険株式会社七〇年史』一九六四年
日本国有鉄道編『日本国有鉄道百年史』一〇巻、一九七三年
日本新聞協会編『日本新聞協会十年史』一九五六年
額田坦『陸軍省人事局長の回想』芙蓉書房、一九七七年
野村乙二朗『毅然たる孤独』同成社、二〇一二年
パーシコ、ジョゼフ・E『ニュルンベルク軍事裁判』上・下、原書房、二〇〇三年
秦郁彦・戦前期官僚制研究会編『戦前期日本官僚制の制度・組織・人事』東京大学出版会、一九八一年
秦郁彦編『日本陸海軍総合事典』東京大学出版会、二〇〇五年
秦郁彦『旧日本陸海軍の生態学——組織・戦闘・事件』中公選書、二〇一四年
畑中繁雄『覚書昭和出版弾圧小史』図書新聞社、一九六五年
畑中繁雄『日本ファシズムの言論弾圧抄史』高文研、一九八六年
花谷正「満州事変はこうして計画された」『別冊知性』五号、一九五六年
原薫『戦時インフレーション』桜井書店、二〇一一年
半藤一利『昭和史』平凡社、二〇〇四年
日暮吉延『東京裁判』講談社現代新書、二〇〇八年
檜山幸夫「台湾総督府陸軍部機密費関係文書について——台湾陸軍幕僚参謀長宮本照明少将手元文書を事例とする日本近代史料論的考察」『中京大学社会科学研究』第二七巻第一号、二〇〇七年
福島県編『福島県史』第一六巻、一九六九年
藤井康栄『松本清張の残像』文春新書、二〇〇二年

古川利明『日本の裏金』上・下、第三書館、二〇〇七年
別冊歴史読本『日本陸軍将官総覧』新人物往来社、二〇〇〇年
別冊歴史読本『A級戦犯』新人物往来社、二〇〇五年
保阪正康「日本のユダ・田中隆吉の虚実」『諸君!』一九八三年八月号
保阪正康『昭和史七つの謎』講談社文庫、二〇〇三年
保阪正康『陸軍良識派の研究』光人社NF文庫、二〇〇五年
保阪正康『昭和陸軍の研究』上・下、朝日文庫、二〇〇六年
保阪正康『帝国軍人の弁明』筑摩選書、二〇一七年
細川護貞『細川日記』中央公論社、一九七八年
前坂俊之『明石元二郎大佐』新人物往来社、二〇一一年
前田英昭『国会の「機密費」論争』高文堂出版社、二〇〇三年
松下芳男『日本軍閥興亡史』上・下、芙蓉書房出版、二〇〇一年
松村秀逸『日本の進路』大日本雄弁会講談社、一九三九年
松村秀逸『大本営発表』日本週報社、一九五二年
松本清張『昭和史発掘』文藝春秋、一九六五年
松元直歳編著『東京裁判審理要目』雄松堂出版、二〇一〇年
三野正洋『わかりやすい日中戦争』光人社、一九九八年
宮武剛『将軍の遺言――遠藤三郎日記』毎日新聞社、一九八六年
武藤章『比島から巣鴨へ』中公文庫、二〇〇八年
森永卓郎監修『物価の文化史事典』展望社、二〇〇八年
森松俊夫『大本営』教育社歴史新書、一九八〇年
森松俊夫・外山操編著『帝国陸軍編制総覧』芙蓉書房出版、一九八七年

参考文献

森山康平『東条英機内閣の一〇〇〇日』ＰＨＰ研究所、二〇一〇年
矢次一夫「陸軍軍務局の支配者」『文藝春秋』一九五四年臨時増刊号
山内徹『重臣たちの巣鴨』コルべ出版社、一九八三年
山崎豊子『二つの祖国』上・中・下、新潮社、一九八三年
山本七平『私の中の日本軍』文藝春秋、一九七五年
山本七平『一下級将校の見た帝国陸軍』文春文庫、一九八七年
山本常雄『阿片と大砲――陸軍昭和通商の七年』ＰＭＣ出版、一九八五年
湯浅博『吉田茂の軍事顧問――辰巳栄一』文春文庫、二〇一三年
吉野作造「軍事機密費に関する醜聞」(『古い政治の新しい観方』所収)文化生活研究会、一九二七年
読売新聞社会部『外務省激震』中公新書ラクレ、二〇〇一年
ルース、ジョン・Ｇ『スガモ尋問調書』読売新聞社、一九九五年
歴史と旅特別増刊号『帝国陸軍将軍総覧』秋田書店、一九九〇年
若林亜紀『公務員の異常な世界』幻冬舎新書、二〇〇八年
渡辺延志『虚妄の三国同盟』岩波書店、二〇一三年

渡辺延志

ジャーナリスト．1955年，福島県生まれ．早稲田大学政治経済学部卒業．
朝日新聞社に勤めるかたわら，独自に歴史資料の発掘，解読に取り組み，著書に『虚妄の三国同盟――発掘・日米開戦前夜外交秘史』(岩波書店，2013年)がある．

GHQ特命捜査ファイル 軍事機密費

2018年7月19日　第1刷発行

著　者　渡辺延志(わたなべのぶゆき)

発行者　岡本　厚

発行所　株式会社 岩波書店
〒101-8002 東京都千代田区一ツ橋2-5-5
電話案内 03-5210-4000
http://www.iwanami.co.jp/

印刷・理想社　カバー・半七印刷　製本・中永製本

ISBN 978-4-00-061282-1　　Printed in Japan